KB162085

불안이 많은 아이

# 불안이 많은 아이

: 아이 스스로 일어서는 힘을 길러주는 방법

**초판 발행** 2023년 8월  1일
**5쇄 발행** 2025년 1월 10일

**지은이** 이다랑 / **그린이** 유희진 / **펴낸이** 김태헌
**총괄** 임규근 / **책임편집** 권형숙 / **교정교열** 김소영 / **디자인** 어나더페이퍼
**영업** 문윤식, 신희용, 조유미 / **마케팅** 신우섭, 손희정, 박수미, 송수현 / **제작** 박성우, 김정우

**펴낸곳** 한빛라이프 / **주소** 서울시 서대문구 연희로 2길 62
**전화** 02-336-7129 / **팩스** 02-325-6300
**등록** 2013년 11월 14일 제25100-2017-000059호 / **ISBN** 979-11-93080-06-1 03590

한빛라이프는 한빛미디어(주)의 실용 브랜드로 우리의 일상을 환히 비추는 책을 펴냅니다.

이 책에 대한 의견이나 오탈자 및 잘못된 내용은 출판사 홈페이지나 아래 이메일로 알려주십시오.
파본은 구매처에서 교환하실 수 있습니다. 책값은 뒤표지에 표시되어 있습니다.
한빛미디어 홈페이지 www.hanbit.co.kr / 이메일 ask_life@hanbit.co.kr
한빛라이프 페이스북 @hanbit.pub / 인스타그램 @hanbit.pub

지금 하지 않으면 할 수 없는 일이 있습니다.
책으로 펴내고 싶은 아이디어나 원고를 메일(writer@hanbit.co.kr)로 보내주세요.
한빛라이프는 여러분의 소중한 경험과 지식을 기다리고 있습니다.

아이
스스로
일어서는
힘을
길러주는
방법

# 불안이
# 많은
# 아이

이다랑 지음

HB 한빛라이프

# "엄마, 내가 해냈어!"
# 이 말을 듣기까지

아이에게 처음으로 신발을 사주던 날이 생생히 기억납니다. 그전까지는 걸음마 단계 아이들이 신는 말랑말랑한 신발만 신다가 처음으로 외출할 때 신는 진짜 신발을 사주었지요. 얼마나 예쁠까 기대하는 마음으로 신겼는데, 아이는 그 자리에서 한 발도 떼지 않고 울기 시작했습니다. 신발이 주는 낯선 감각이 무섭고 불안했던 거죠. 아이는 "안아, 안아"를 반복하며 매달렸습니다. 그때부터 아이를 키우는 모든 시간은 아이가 느끼는 불안, 두려움과 싸우는 시간이었습니다.

아이는 무엇이든 한 번에 시작하는 법이 없었고, 적응이 오래 걸렸습니다. 일을 하면서 아이를 키워야 했기에 어린이집에 보낼 수밖에 없었는데, 다른 아이들은 3주면 하는 적응을 서너 달이 되어도 울며 다녔지요. 어린이집, 유치원, 학교까지 매년 새 학기 때마다 저는 스케줄을 조정하고 아이에게 바짝 주의를 기울여야 했습니다. 아이는 놀이터에서 미끄럼틀을 타는 것도 싫어했고, 키즈카페에 가도 제 옷자락만 잡고 다녔습니다. 변기를 무서워해 기저귀를 떼기까지도 참 오래 걸렸지요. SNS에서 다른 집 아이들이 멋진 활동을 하는 모습을 보면서, '우리 아이는 꿈도 못 꾸는 일'이라고 생각한 적도 많았습니다. 하지만 저는 아이에게 가르치는 것을 포기하지 않았습니다. 지난 시간을 되돌아보니, 아이를 믿고 기다리며 몇 번이고 다시 시도했던 것이 참 잘한 일인 것 같습니다. 어쩌면 저도 불안과 두려움이 많은 아이였기에, 아이도 나처럼 해낼 수 있을 거라 믿었던 것일 수도 있지요.

아이를 있는 그대로 봐주고 기다리는 것 자체는 많이 어렵지 않았습니다. 제 마음을 가끔씩 흔드는 것은 주변 사람들의 시선과 말이었습니다. 아이를 너무 약하게 키우는 거 아니냐, 네가 전문가라 뭐라 말은 안하겠다만 그래도 좀 강하게 키워야 하는 것 아니냐, 기저귀를 아직도 못 떼는 건 문제 있는 건 아니냐 등. 이런 말을 들을 때마다 "아이에게 공감하고 기다리는 것이 아이를 약하게 키우는 것은 아닙니다", "아이가 스스로의 힘이 생길 때까지 10년은 넉넉히 보고 도와줄 겁니다"라고 반박하고 싶었습니다. 하지만 쉽게 말을 내뱉지는 못했어요. 왜냐하면 많은 부모님과 아이들에게 동일한 상담을 하고 있지만 저 역시 아이를 키우는 것은 처음이니까요.

아이가 여섯 살 무렵, 처음으로 울지 않고 소풍을 다녀와서는 저에게 달려오며 했던 말이 생각납니다.

"엄마! 너무너무 재미있었어! 내가 해냈어!"

그 이야기를 듣는 순간 눈물이 울컥 쏟아져 나왔습니다. 아이를 키우면서 수없이 아이에게 들려줬던 말을, 드디어 아이의 입으로 다시 듣게 되었기 때문입니다. "네가 해낸 거야", "지난번보다 이만큼 해냈어"라는 말을 수없이 아이에게 해주면서도 언제쯤 이 말이 아이의 마음에 자리를 잡을지 조바심이 날 때가 많았는데, 그동안의 모든 의심이 순식간에 걷히는 느낌이었습니다. 그리고 생각했지요. '그래, 이게 맞아. 내가 부모님들에게 이야기하는 그대로 계속하면 되는 거야!'

저는 발달과 기질에 대한 강의를 많이 합니다. 그중에서도 기질에 대해 이야기하는 것을 좋아합니다. 정해진 육아 방법에 아이를 맞추기보다는 아이를 관찰하고 이해하도록 돕는 일을 하는 것이 정말 중요하다고 생각하기에 제 강의에 늘 자부심을 느껴왔어요. 특히 불안과 두려움이 많은 아이들과 그런 아이를 키우는 부모님들에게 언제나 제 마음이 조금 더 쏠렸습니다. 그래서 우리 아이의 이야기를 SNS에 자주 공유하기도 하고, 틈날 때마다 크고 작은 클래스를 열어 비슷한 아이를 키우는 부모님들의 고민을 들었지요. 요즘은 그때의 아이들 또한 불안과 두려움을 스스로 극복하며 잘 자라고 있다는 이야기를 종종 전해 듣습니다. 하나둘 부모님이 씨를 뿌리고 기다려온 열매가 잘 맺어가는 중이지요.

'이미 육아 정보가 너무 많은 세상인데, 굳이 내가 육아서를 또 내야 하는 걸까?'라는 생각에 한동안 책 쓰기를 망설였습니다. 그러다가 불안과 두려움이 많은 아이를 위한 체계적인 정보가 없다는 부모님들의 이야기를 듣게 되었어요. 직접 찾아보니 실제로 불안과 두려움이 많은 아이를 키우는 부모님의 입장을 고려하며, 현실에서 적용 가능한 방법을 알려주는 육아서가 별로 없는 것 같더라고요. 그래서 이 책을 쓰기로 했습니다. 이제는 학교와 학원을 스스로 다니고, 놀이터에서도 친구들과 잘 뛰어놀며, (비록 집에서는 걱정하며 징징거리지만) 새로운 활동도 제법 무던하게 해내는 아이로 자라

나기까지, 전문가인 저는 어떤 방법을 사용했고, 부모님들께는 어떻게 제안해 왔는지 한 권의 책으로 만들어 공유하고 싶었습니다. 어쩌면 이 책은 단순한 육아서가 아니라 저의 지난 10년의 육아 보고서일지도 모른다는 생각이 듭니다. 10년간 빠짐없이 내 아이에게 100퍼센트 적용하고, 많은 부모님에게 상담했던 내용을 있는 그대로 전부 담았으니까요.

이 책이 불안과 두려움이 많은 아이를 키우는 부모님들에게 든든한 기준이 되어주면 좋겠습니다. 아이를 키우며 '이렇게 하면 되는 걸까?' 의심이 생기고 조바심이 생길 때면 다시 찾아 읽고, 아이를 느긋하게 바라보도록 도와주는 책이 되었으면 합니다. 또한 '나만 이런 아이를 키우는 것이 아니구나'라는 위로와 연대감이 이 책을 통해 전해지길 바랍니다.

# 차례

4   **프롤로그** "엄마, 내가 해냈어!" 이 말을 듣기까지

# Part 1

# 또래 아이보다 조금 더
# 불안과 두려움을 느끼는 아이

17   **우리 아이는 왜 이렇게 걱정하고 무서워할까?**
     불안과 두려움을 조금 더 많이 느끼는 아이가 있다 · 아이를 보면 불안하고
     답답해요

28   **불안이 많은 아이의 시계는 조금 느릴 뿐이에요**
     아이가 느끼는 불안과 두려움은 정상발달입니다

32   **아이의 기질에 따라 불안과 두려움의 차이가 있어요: 기질과 기질 특성**
     기질이란 무엇인가요? · 낯선 것은 불안하고 두려워요 : 위험회피의 세부
     요인 · 위험회피는 다른 기질 특성과 만나 또 다른 불안과 두려움을 만들어
     요 · 특정한 생각과 경험이 아이의 불안과 두려움을 강화시켜요

51   **불안은 언제부터 문제가 되는 걸까?**
     아이에게 불안장애가 있는 것은 아닐까요? · 저의 잘못된 양육 방법이 아
     이를 더욱 불안하게 만드는 것은 아닌가요?

# Part 2

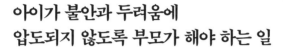

# 아이가 불안과 두려움에
# 압도되지 않도록 부모가 해야 하는 일

**60**    **[불안과 두려움이 많은 아이에게 부모는 무엇을 가르쳐 줘야 할까?]**

우리의 역할은 아이가 스스로 불안과 두려움을 조절하도록 돕는 거예요
[Test] 나는 아이의 불안과 두려움에 대해 어떻게 반응하는 부모일까?

**72**    **[아이의 불안과 두려움을 다루는 방법 1 - 공감과 기다림으로 수용하기]**

**75**    기본1 **아이의 불안은 공감 받아야 합니다**

우리는 왜 아이에게 공감하기 어려울까요? · 아이의 불안과 두려움에 공감
이 필요한 이유 · 그래서 어떻게 공감하면 좋을까요?

**90**    기본2 **아이의 속도를 기다려주세요**

도대체 언제까지, 얼마나 기다려주어야 하나요? · 아이가 스스로 파악하고
적응하는 시간이 필요합니다 · 적응하고 해낸 경험은 온전히 아이의 것이
어야 합니다 · 어떻게 기다려야 할까요?

**100**    **[아이의 불안과 두려움을 다루는 방법 2 - 성장을 위한 전략 세우기]**

**103**    실전1 **아이가 자신의 불안과 두려움을 제대로 표현하게 해주세요**

왜 불안과 두려움은 표현하기 어려울까요? · 아이가 자신의 감정에 이름을
붙일 수 있게 해주세요 · 구체적으로 표현할 수 있게 해주세요

**113**    실전2 **새로운 경험은 가능한 천천히 조금씩 확장해 주세요**

너무 많은 환경 변화는 아이를 더욱 두렵게 만들어요 · 빈번한 환경 변화는
아이의 배움을 더디게 해요 · 예측 가능성을 높여 아이의 경험을 확장해 주
세요

124 실전3 불안과 두려움을 만드는 생각공장을 리모델링 해주세요

아이에게 불안과 두려움을 가져오는 '생각'을 찾아야 해요 · 아이의 생각을 파악해 보세요 · 자신의 불안이 진짜가 아니라는 것을 아이가 알아야 해요 · 아이의 불안과 두려움에 대해 탐정처럼 이야기해 주세요

136 실전4 아이의 성공 경험을 계속 저장해 주세요

성공 경험이 있어야 도전할 수 있는 어른으로 성장해요 · 아이에게 스스로 성취한 성공 경험을 구체적으로 이야기해 주세요 · 아이를 주인공으로 만들어주는 칭찬을 해보세요 · 아이가 가진 특성에 대해 긍정적인 측면을 이야기해 주세요

144 실전5 불안과 두려움을 잘 다루는 모습을 보여주세요

부모가 불안과 두려움에 대해 느끼는 감정은 아이에게 영향을 줍니다 · 아이는 불안하고 두려울 때 부모를 참고해요 · 부모가 불안과 두려움을 잘 표현하는 모습을 보여주세요

153 실전6 이런 부모의 행동은 아이를 더욱 불안하게 만들어요

아이의 감정만 과도하게 받아주면 안 돼요 · 아이가 불안과 두려움을 계속 회피하도록 허락하지 마세요 · 아이 대신 해결해 주지 마세요 · 인내심을 잃고 폭발해 버리면 아이의 불안은 더 커질 수 있어요 · 부모의 불안으로 인한 이중메시지를 주의하세요

# Part 3

# 불안이 많은 아이를 키우는
# 부모의 열세 가지 질문

170 [아이의 불안과 두려움에 대한 리얼 부모 고민]

173 01 반복되는 질문과 두려움 호소, 관심 끌려는 행동은 아닐까요?

아이의 호소에 끌려가지 말고 다시 물어보세요

180 **02** 사고뉴스를 보거나 안전교육을 받고 나면 너무 불안해해요
노출은 최소화하고, 아이가 걱정하는 것은 말로 표현하게 해주세요

186 **03** 아이가 친구들과 어울리지 못하는 것 같아요. 아이의 사회성이 걱정돼요
작고 안정적인 관계에서 사회성을 연습하게 도와주세요

195 **04** 친구들에게 휘둘리고 하고 싶은 말을 못하는 것 같아요
거절 연습, 선택 연습의 첫 번째 상대가 되어주세요

204 **05** 남자아이인데 너무 소심해서 걱정돼요
아이에게 맞는 것을 찾아 '함께하는 시간'으로 시작하세요

210 **06** 유치원(학교)을 다른 곳으로 옮겨야 하는데 아이가 적응할 수 있을까요?
아이가 안정감을 느낄 수 있는 한 가지를 찾으세요

215 **07** 배우는 것을 두려워하는 아이, 어떻게 해줘야 할까요?
배움에 대한 안정적인 감정을 느끼는 것이 중요합니다

226 **08** 등하교 못하는 아이, 수면분리 안 되는 아이, 어떻게 독립시켜야 할까요?
점진적인 경험을 통해 서서히 독립시키세요

234 **09** 불안과 두려움이 많은 특성, 선생님에게 공유해도 괜찮을까요?
부모와 선생님은 아이의 불안을 다루는 좋은 파트너가 될 수 있어요

241 **10** 새로운 것은 안 하려고 하고 늘 비슷한 놀이나 활동만 해요
비슷한 놀이에 한 가지씩 더해주세요

246 **11** 너무 무서워해서 훈육을 제대로 하기가 어려워요
두려움을 주는 훈육은 피하고, 행동 중심으로 훈육하세요

254 ⑫ 하고 싶어 하면서도 무섭다며 변덕부리는 아이, 어떻게 할까요?
호기심과 불안/두려움이 둘 다 별로 없는 아이들 · 새로운 자극에 대한 호기심과 불안/두려움을 동시에 느끼는 아이들 · 아이가 자신의 양가적인 마음을 인지할 수 있게 도와주세요

263 ⑬ 혹시 상담센터나 소아정신과를 가봐야 할까요?
전문가의 도움이 필요할 때의 판단 기준

## Part 4

# 불안이 많은 아이,
# 건강하게 키우기

**272** [불안과 두려움, 아이의 강점이 될 수 있을까요?]

**275** 불안과 두려움은 아이의 자원이 될 수 있습니다
불안과 두려움이 높은 기질이 어떻게 강점이 되나요?

**281** 아이는 불안과 두려움에 대해 '선택'할 수 있어야 합니다
불안과 두려움이 많다고 해서 아이의 자존감에 문제가 있는 것은 아닙니다

**288** 아이를 키우며 불안할 땐, 멀리 보세요

**291** **에필로그** 불안에 대한 내 아이와의 대화
**296** **참고문헌**

# Part 1

또래 아이보다
조금 더
불안과 두려움을
느끼는 아이

# 우리 아이는 왜 이렇게
## 걱정하고 무서워할까?

— 4세 서준이는 처음 하는 것은 무조건 거부하려 합니다. 키즈카페에 가도 엄마 주변만 빙빙 맴돌 뿐 적극적으로 활동하지 않아요. 집에도 있는 익숙한 놀잇감만 가지고 가만히 앉아 노는 경우가 많아 부모로서 답답한 마음이 들 때가 많습니다. 특히 엄마는 요즘 서준이의 어린이집 적응 때문에 고민입니다. 처음에는 다른 아이들도 엄마와 헤어지는 것을 싫어하니 우리 아이도 좀 그러다가 말겠지 했습니다. 그런데 서준이는 시간이 지나도 여전히 등원을 힘들어합니다. 아이가 "어린이집에 가기 싫어"라고 말하거나 문 앞에서 울기 시작하면 부모는 마음이 약해집니다. 어린이집에서는 잘 놀고 생활한다는데, 그럼에도 아직 아이에

게는 무리인 건가 하는 생각이 들기도 하고, 언제쯤 나아질지 걱정스럽습니다.

— 6세 윤아는 걱정이 많은 아이입니다. 밤바다 귀신이 등장하는 그림책을 본 이후, 매일 밤 그 귀신이 나타날 것 같다고 걱정합니다. 무서운 꿈을 꿀까 봐 잠을 못 자겠다, 엄마아빠가 죽으면 어떻게 하냐고 물어보고 또 물어봅니다. 처음에는 최선을 다해 아이에게 공감해 주고 반복하여 설명해 주었지만, 걱정거리는 끊임없이 생겨납니다. 아이가 찡얼거리며 반복하는 질문이 짜증스럽기도 하고, 너무 과도한 불안에 시달리는 것 같아서 걱정스럽기도 합니다.

— 7세 지후는 무엇이든 쉽게 시작하는 일이 없습니다. 또래 아이들이 다 하는 운동이나 미술 같은 활동도 완강히 거부합니다. 특히 지후는 부모와 분리되어 낯선 수업을 듣는 것을 두려워합니다. 그러다 보니 학원을 보내기도 어렵고, 좋은 프로그램에 참여하기도 어렵습니다. 또래 아이들은 태권도도 다니고 스키도 배우는 것 같은데, 우리 아이만 자꾸 뒤처지는 것 같아서 초조한 마음도 듭니다. 너무 소극적인 거 아니냐는 주변 이야기를 들으면 '억지로라도 시켜서 마음을 강하게 만들어야 하는 것은 아닐

까'라는 생각도 듭니다.

— 8세 소은이 엄마는 아이의 초등학교 입학 이후 고민이 많습니다. 지난번 담임선생님과의 비대면 상담에서 자기소개 발표 시간에 발표를 하지 못한 채 눈물을 터트렸다는 이야기를 들었기 때문입니다. 시간을 필요로 하고 두려움이 많은 아이의 성향을 잘 알고 있었지만, '학교에 들어갈 나이가 되면 달라지겠지'라는 생각으로 기다려주었습니다. 그런데 소은이는 여전히 아침마다 학교 가기를 걱정하고, 소극적인 학교생활을 하는 것 같습니다. 유치원 때와는 다른 환경이기에 아이가 안쓰럽기도 하고, 도와줄 수 있는 방법도 별로 없어서 답답하기만 합니다.

이름은 다르지만, 제가 실제로 만났던 부모님들이 저에게 나누어주신 고민들입니다. 혹시 이 부모님들의 고민에 공감이 되시나요? 만약 그렇다면 여러분의 아이는 또래보다 조금 더 걱정과 두려움을 많이 느끼는 특성을 가지고 있을지도 모릅니다.

## 불안과 두려움을 조금 더
## 많이 느끼는 아이가 있다

　대학원을 다닐 때 제가 근무하던 연구소는 대학 부설 유치원 건물 안에 있었습니다. 덕분에 연구실을 오가며 시간이 날 때마다 아이들의 행동과 놀이를 관찰하고 배울 수 있었습니다. 그런데 아이들을 관찰할 때마다 항상 드는 생각이 있었지요. 바로 '아이들은 각각 참 다르구나'였어요. 선생님은 모든 아이들 앞에서 똑같은 수업을 하지만 아이들의 반응과 집중도는 다 달랐습니다. 동일한 환경 안에서 같은 교구를 제안해도 놀이를 시작하는 속도와 방법 또한 매우 다양했지요.

　일반적으로 아이들은 어른보다 적극적이고, 바로바로 몸을 움직이며 에너지 수준도 높다고 생각합니다. '너희가 무슨 근심이 있어'라고 생각하기도 하고요. 하지만 아이들을 가만히 지켜보면 그렇지 않다는 것을 알 수 있습니다. 똑같이 새로운 놀이나 활동을 제안해도 아이마다 반응하는 모습과 실제 행동으로 옮기기까지 걸리는 시간은 제각각입니다.

　예를 들어 어떤 아이는 무엇이든 쉽게 잘 시작하고 호기심을 많이 보입니다. 이런 아이들은 "이게 뭐예요?", "이건 왜 그런 거예요?"라고 끊임없이 질문하고, 무엇이든 적극적으로

활동해요. 말보다 행동이 앞서 이미 만지거나 쏟아버리는 사고를 치기도 하고, 땀을 뻘뻘 흘리며 한참을 놀다 보니 흥분이 좀처럼 가라앉지 않거나 여전히 에너지가 넘치는 모습을 보이기도 하지요. 하지만 이와 반대의 특성을 가진 아이들도 있습니다. 이 아이들은 무엇이든 처음 접하는 낯선 것을 경계해요. 한참을 망설이고 고민하며 새로운 것을 시작하기까지 충분한 시간을 필요로 합니다. 새로운 것에 적응하여 안정감을 찾을 때까지 자주 보채고 불안을 호소하기도 하지요. 또한 충분히 잘하고 있음에도 불구하고 끊임없이 걱정하거나 낯선 사람들 앞에서는 더욱 긴장하는 모습을 보이기도 합니다.

단순하게 두 가지 반대되는 특성만으로 설명했지만, 실제로 아이들이 새로운 자극과 환경을 마주했을 때 보이는 행동 특성은 매우 세밀하게 다르며 다양합니다. 이러한 이유로 부모가 아무리 육아서를 읽고 부모교육을 받아도, 아이의 행동을 다 이해하고 예측하기가 어렵습니다.

불안과 두려움이 많은 아이들에 대해 여러 연구와 심리 검사에서 이야기하는 공통적인 행동특성은 다음과 같습니다. 우리 아이에게 아래의 행동이 얼마나 나타나는지 가볍게 체크해 보세요.

| 우리 아이 불안 행동 테스트 | |
|---|---|
| 1 | 부모와 분리되어 활동하는 것을 걱정하며 무언가를 함께해 주기를 원한다. | ☐ |
| 2 | '만약 ~ 라면 어쩌지?'라는 걱정을 자주 한다. | ☐ |
| 3 | 새로운 환경(어린이집/유치원/학교)에 적응하기까지 시간이 오래 걸린다. | ☐ |
| 4 | 특별한 병이 없는데도 자주 두통, 복통 등을 호소한다. | ☐ |
| 5 | 몇 시간, 며칠 후, 몇 주 후에 있을 일에 대해 걱정한다. | ☐ |
| 6 | 걱정되고 불안한 상황에 대해 부모에게 반복적으로 물어보며 확인한다. | ☐ |
| 7 | 새로운 친구들에게 선뜻 다가가지 못하거나 긴장하는 모습을 보인다. | ☐ |
| 8 | 또래와 비슷한 활동을 해도 좀 더 빨리 지치는 편이다. | ☐ |
| 9 | 새로운 활동에 도전하는 것을 두려워하거나 강하게 거절하는 경우가 많다. | ☐ |
| 10 | 낯선 어른에게 인사하는 것을 거부하거나 과도하게 긴장한다. | ☐ |
| 11 | 선생님이 자신에게 화내거나, 무서운 사람일까 봐 걱정하는 모습을 보인다. | ☐ |

| 12 | 아이의 걱정과 두려움을 달래고 안정시키는 데 시간이 오래 걸린다. | ☐ |
| 13 | 특별한 이유가 없는데도 불안해하고, 해야 하는 것을 회피하는 모습을 보인다. | ☐ |
| 14 | 무언가를 잘 하지 못할까 봐 걱정하고 두려워하는 모습을 보인다. | ☐ |
| 15 | 불안을 달래기 위한 행동을 반복하거나, 인형 등의 물건에 의존하는 모습을 보인다. | ☐ |

 

　정도의 차이는 있지만 대부분의 아이들이 새로운 환경이나 처음 마주하는 상황 앞에서 문항에 나오는 것 같은 모습을 보입니다. 따라서 위 문항에 많이 해당된다고 해서, 아이에게 심각한 문제가 있다고 단정지을 수는 없습니다. 다만 또래 아이들보다 새로운 자극이나 환경에 대해 불안과 두려움을 더 많이 느끼고, 적응기간이 충분히 필요한 아이인 것은 분명합니다. 이런 경우 부모는 아이가 자신의 감정을 잘 이해하고 보다 다양한 선택을 할 수 있도록 도와줄 수 있는 양육 방법을 배워야 합니다.

# 아이를 보면
## 불안하고 답답해요

●

불안과 두려움을 많이 느끼는 아이의 마음을 공감하고 충분히 기다려주며 적응을 돕는 것은 생각처럼 쉽지 않습니다. 부모가 아이의 마음을 알아주고 달래줄 때, 아이가 금방 안정을 찾고 나아진다면 얼마나 좋을까요? 그렇다면 이 고단한 인내의 과정을 얼마든지 감당할 수 있을 거예요. 하지만 현실은 다르지요. 대부분의 아이들은 쉽게 진정되거나 달라지지 않습니다. 아무리 기다려줘도 또 다른 걱정거리를 계속해서 만들어내고, 불안과 두려움을 이기지 못해 징징거리며 부모에게 매달리는 경우가 더 많지요. 부모도 사람이기에 끊임없이 이어지는 이 과정을 겪다 보면 지치고 화가 나기도 합니다.

게다가 아이의 더딘 변화는 부모를 불안하게 합니다. 불안과 두려움이 많은 아이를 키우는 부모님들과 함께 진행해 온 수업에서 반복적으로 나오는 고민이 있어요. 바로 "제가 지금 잘하고 있는 건가요?", "아이를 오히려 약하게 만들고 있는 것은 아닐까요?" 등과 같은 부모 자신의 양육 방식에 대한 불안함입니다. 육아서나 육아 정보에서 본 내용대로 아이의 감정을 받아주려 노력은 하고 있는데, 과연 아이가 달라지기는 하는 건지, 언제까지 이렇게 반복해야 하는 건지, 잘못 양육하고 있는 것은 아닌지 하는 불안함을 느끼지요.

특히 또래 아이들과 비교되는 상황은 부모에게 위기감을 느끼게 하고 마음을 조급하게 만듭니다. 스스로 무엇이든 잘하는 아이, 새로운 것에 거부감 없이 적극적으로 뛰어드는 아이들을 보면 우리 아이만 모든 경험에서 뒤처지는 것 같아 속상합니다.

저 역시 유독 불안과 두려움이 많은 아이를 키웠기에 종종 '왜 이 아이는 무엇 하나 쉽게 하는 게 없을까?'라는 푸념을 마음속으로 하곤 했답니다. 또한 아무리 성역할에 대한 고정관념이 없어지고 있다 해도 불안과 두려움이 많은 남자아이를 키우는 부모는 더 많은 우려를 받게 됩니다. "남자아이인데 저렇게 소심해서 어쩌니?"라는 말을 들으면 또래 동성 아이들 사이에서 치이지는 않을지 걱정되고, 아이가 알게 모르게 듣는 부정적인 말들이 쌓여 아이의 자신감과 자존감에 영향을 주지는 않을지 고민도 됩니다.

저는 아이를 키우면서 아이들을 위한 교육 공간이나 프로그램 등이 다양한 성향의 아이들을 충분히 고려해 주지 않는다는 생각을 많이 했습니다. 아이들을 위해 마련된 놀이 공간은 보통 활동적이고 에너지 수준이 높은 아이들에게 좀 더 적합하게 설계되어 있어요. 놀이 수업이나 미술 프로그램도 부모와의 분리 수업을 기본으로 하는 경우가 많고, 강하고 빠르고 신기한 자극을 많이 경험시키는 활동 위주로 기획된 경우가 대부분입니다. 어린아이들이 부모와 함께 다니는 문화센터도 마찬가지예요. 다양한 오감발달 기회를 제공한다는 목표 때문에 짧은 시간 안에 빠르게, 많은 자극을 쏟아내곤 하지요. 물론 이런 프로그램이나 공간이 나쁘다는 것은 아닙니다. 다만 아이들의 다양한 성향을 고려하지 못한 공간과 프로그램에 우리 아이가 빠르게 적응하지 못한다고 해서, 그것을 내 아이의 문제로만 여기며 괴로워하지 않아도 된다는 거예요. 아이마다 좋아하고 싫어하는 자극이 다르며, 새로운 자극을 즐기기까지 걸리는 시간도 다 다를 수 있다는 것을 먼저 생각해 주세요. 더불어 아이가 느끼는 불안과 두려움이 문제라고만 생각하지 말고, 적절한 양육 방법을 통해 아이의 강점으로 발현될 수 있다는 것을 알아야 합니다.

# 불안이 많은 아이의 시계는
## 조금 느릴 뿐이에요

"선생님, 우리 아이는 도대체 왜 이렇게 불안해하고 두려워하는 건가요? 원인이 뭘까요?"

부모님들이 자주 물어오는 질문입니다. 이러한 질문을 하는 이유는 정말 궁금해서이기도 하지만, '혹시 나의 양육 방법이 잘못된 것은 아닌지', '아이의 불안이 나 때문인 것은 아닌지'라는 부모의 염려 때문이기도 합니다. 특히 많은 부모님이 아이의 불안과 두려움을 인정하고 수용해야 한다는 것을 잘 알고 있지만, 때때로 이러한 수용이 아이를 약하게 만드는 '원인'이 되는 건 아닌지 걱정합니다. 그래서 오히려 아이에게 정확한 공감이나 지지를 해주지 못하거나 일관성 없는 반응을 하게 되지요.

　결론부터 말씀드리면, 부모의 양육 방법은 아이에게 중요하지만 그것이 아이가 느끼는 불안과 두려움의 전적인 원인은 아닙니다. 아이가 갖는 불안과 두려움에는 여러 가지 원인이 있으며, 정상발달과정에서 겪는 보편적인 불안도 존재합니다.


## 아이가 느끼는 불안과 두려움은
## 정상발달입니다

　우리는 불안과 두려움을 느끼지 말아야 할 부정적인 감정으로 생각하는 경우가 많습니다. 하지만 불안과 두려움은 모든 사람이 가지고 있는 정상적인 정서이며, 자기 자신을 보호하는 힘의 근원입니다. 불안과 두려움이 있기에 인류가 생존하고 지속되었다고 볼 수 있지요. 특히 아이들은 발달 단계에 따라 정상발달의 한 과정으로 불안, 두려움, 공포 등을 느낍니다. 아이를 키울 때 유독 곤란하고 힘든 시기가 있습니다. 아이가 생후 8~10개월 정도 되는 무렵인데요. 이 시기 아이는 부모를 애착 대상으로 인지하기에 부모와 분리되는 상황에 대해 불안을 강하게 느끼고 표현합니다. 그래서 부모가 편하게 볼일 볼 시간조차 허락해 주지 않지요. 이러한 분리불안은 정도의 차이는 있지만 모든 아이들이 보편적으로 경험하는 불안입니다.

이 시기는 지나가지만 아이가 좀 더 자라면 인지능력이 이전보다 발달하면서 상상할 수 있는 힘이 생깁니다. 그래서 괴물이나 귀신 등 여러 존재에 대한 공포가 생기고, 일상생활에서 마주하는 평범한 물건이나 상황에 대해서도 상상으로 인한 두려움을 느끼기도 합니다. 상상한 것이 실제로 일어난다고 믿거나 꿈과 현실을 구분하지 못하는 인지적인 오류가 충분히 나타나는 시기이지요. 또한 아이는 경험치가 적어 예측하고 대비할 수 있는 자원도 충분하지 않습니다. 그렇기에 부모 입장에서는 별거 아닌 일도 도저히 해결할 수 없을 것 같은 큰일처럼 느낍니다. 게다가 아이가 부모와의 관계에서 확장되어 기관 생활을 하고 다양한 사람들을 만나게 되면서부터는 다른 사람에 대한 높은 긴장과 수줍음을 보일 수 있습니다. 이는 정도의 차이는 있지만 공통적으로 '나'는 부모와 다른 독립된 존재라는 인지가 생기면서 자의식 성장과 함께 나타나는 변화입니다.

이렇게 정상발달과정에서 아이가 느끼는 불안과 두려움은

자연스러운 감정입니다. 이에 대한 발달단계 지식을 부모가 미리 알고 있다면, 아이의 행동을 예상할 수 있고 대응하기도 수월합니다. 특히 이러한 종류의 불안과 두려움은 특정한 상황이 정해져 있으며, 아이가 성장하는 과정에서 줄어들거나 약해지기 마련입니다. 물론 부모의 눈으로 보았을 때는 이 과정이 분절되어 인지되기보다는 연속적으로 느껴질 수 있습니다. 늘 불안해하는 것 같아 보입니다. 하지만 아이는 이전 단계에서 오는 불안을 해결하고, 다음 성장단계에서 오는 새로운 불안을 맞이하며 계속 성장하고 있을 가능성이 높습니다. 대상이나 상황이 바뀐 게 그 증거입니다. 우리 아이가 잘 성장하고 있다고 믿어보세요.

# 아이의 기질에 따라
# 불안과 두려움의 차이가 있어요
## : 기질과 기질 특성

### 기질이란 무엇인가요?

발달에서 빼놓을 수 없는 것이 '기질'입니다. 기질은 타고난 성격적 특성으로 환경에 의해 만들어지는 것이 아니라 태어날 때부터 가지고 있는 개개인의 고유한 생물학적 특성입니다. 대부분의 부모님이 '까다로운 아이, 순한 아이, 느린 아이'와 같은 유형으로 기질을 이해하고 있지만, '까다롭다'라는 표현 하나로 아이의 특성을 설명하기란 쉽지 않습니다. 기질을 구성하는 다양한 요인을 통해 자세히 살펴보고 이해하는 것이 필요하지요.

쉽게 설명하면 기질은 성격 발달이라는 '작품'을 완성하기 위해 아이가 가지고 있는 '재료'라고 볼 수 있습니다. 이 재료에는 새로운 자극에 대한 호기심의 정도, 낯선 자극에 대한 불안과 두려움의 정도, 다른 사람과의 관계에 대한 욕구나 민감함, 감각적 민감함, 지속하고 몰두하는 정도 등이 있습니다. 아이마다 어떠한 재료를 얼마나 많이 또는 적게 가지고 있는지는 각각 다르며, 이러한 재료 차이로 인해 같은 환경 내에서 보이는 아이의 행동에도 차이가 생깁니다. 기질은 부모나 아이가 선택하는 것이 아니라 태어났을 때부터 가지는 특성입니다. 그래서 부모는 아이의 기질을 바꿀 수 없으며, 다만 부모는 아이가 기질이라는 재료를 통해 자기 자신 그리고 타인과 건강한 관계를 맺으며 성격을 형성하도록 돕는 역할을 할 수 있습니다.

예를 들어, 어떠한 아이가 기질 요인 중 자극추구 특성을 많이 가지고 있다고 생각해 볼까요? 아마도 이 아이는 새로운 자극과 환경에 대한 호기심이 많고 자유분방하며 즉흥적인 행동을 많이 보일 거예요. 부모는 아이의 지나친 에너지가 부담되거나 또는 아이가 너무 산만한 것은 아닐까 하는 고민을 합니다. 하지만 달리 생각해 보면, 아이는 관심 범위가 넓고, 어떤 것이든 적극적으로 반응하며 행동하는 강점도 가지고 있지요. 부모의 목표는 아이의 타고난 기질을 바꾸는 게 아닙니다. 아이가 필요에 따라 집중하고 기다릴 수 있고, 자기의 욕구만큼 다른 사람의 욕구도 존중할 수 있는 사람으로 성장하도록 성격 발달과정을 도와주면 됩니다.

## 낯선 것은 불안하고 두려워요
### : 위험회피의 세부 요인

앞에서 설명한 기질 재료에서 우리가 좀 더 자세히 살펴봐야 하는 요인이 있습니다. 바로 '위험회피'입니다. 위험회피는 낯선 자극이나 환경에 대한 회피와 긴장, 그리고 위축의 정도를 의미합니다. 즉 새로운 자극을 위험하다고 느끼며 피하고자 하는 행동을 강하게 나타내는 특성이지요. 걱정과 두려움이 많은 아이들은 이 기질 특성이 두드러질 가능성이 매우 높습니다. 하지만 위험회피 특성을 많이 가지고 있다고 해서 아이에게 어떠한 문제가 있는 것은 아닙니다. 모든 아이들은 정상발달과정에서 단계별로 여러 종류의 불안과 두려움을 경험할 수 있습니다. 다만, 위험회피 특성이 높은 아이들은 좀 더 자주, 다양한 상황에 대해 걱정하거나 두려움을 느끼지요.

그렇다고 해서 아이의 미래에 나쁜 영향을 미칠까 하는 걱정은 하지 않아도 됩니다. 걱정과 두려움을 느껴도, 이 감정에 압도되지 않고 새로운 것을 배우고 경험하는 아이로 얼마든지 성장할 수 있으니까요. 불안과 두려움을 많이 느끼는 아이가 주로 가지고 있는 기질 특성, 위험회피에 대해 좀 더 자세히 알아보겠습니다.

위험회피에도 여러 가지 세부 요인이 있습니다.

**위험회피의 세부 요인**

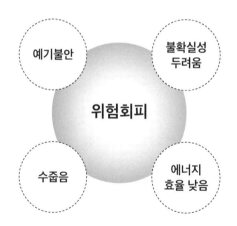

## 1. 예기불안

'예기불안'은 명확한 이유가 없이 갑자기 찾아오는 불안과 막연한 걱정을 의미합니다. 예기불안이 높은 아이들은 일어나지도 않을 일에 대해 반복적으로 질문하며 확인하거나 걱정하는 모습을 많이 보이는 경향이 있습니다. 엄마가 죽을까 봐, 아빠가 안 올까 봐, 선생님이 무서울까 봐, 사고가 날까 봐 등 다양한 형태의 불안을 호소하곤 하지요.

그림책 《겁쟁이 빌리》의 주인공도 예기불안이 높은 아이의 특성을 많이 보여줍니다. 비가 내 방에만 내릴까 봐, 신발이 날아갈까 봐 등 부모가 볼 때는 말이 안 되는 걱정을 심각하게 하지요. 또한 예기불안이 높은 아이들은 "만약에~ 이렇게 되면 어떻게 해?"라는 말을 자주 사용합니다. 이는 일어나지 않은 일에 대한 염려를 표현하며 불안을 잠재우기 위해 상대에게 답변을 요구하는 행동이라고 볼 수 있습니다. 이렇게 아이에게는 강렬한 자극이나 아이가 감당하기 버거운 정보는 불안을 더욱 증폭시킬 수 있습니다. 그래서 아이의 행동을 유심히 관찰하며 불안을 지나치게 야기할 수 있는 사고뉴스, 이미지 등의 노출 여부를 결정해야 합니다. 부모님들 중에서도 예기불안이 높은 사람은, 아이를 키우면서 좀 더 많이 뜬금없는 불안에 휩싸이곤 합니다. '혹시 이럴지도 모르니까'라는 마음으로 이것저것 물건을 챙겨 외출을 하거나, 아이를 소풍 보낸 후 '혹시라도 무슨 일이 생기면 어쩌지'라며 불안해하는 행동을 하는데요, 이는 모두 예기불안에 해당됩니다.

### 2. 불확실성에 대한 두려움

위험회피의 또 다른 세부 요인으로는 '불확실성에 대한 두려움'이 있습니다. 예기불안과 비슷해 보이지만 구분된 특성을 가지고 있습니다. 예기불안이 일어나지도 않을 일에 대한 막연한 걱정을 의미한다면, 불확실성에 대한 두려움은 확실하게 예측할 수 없는 상황에 대한 두려움을 많이 느끼는 것입니다. '내가 잘 안다', '예측할 수 있다'라고 확신할 수 없는 새로운 자극과 환경은 아이에게 큰 두려움을 야기할 수 있습니다. 그래서 지금의 상황과 조금이라도 다른 것이 있다면 강하게 거부하거나, 적응이 될 때까지 정서적으로 힘들어하며 소극적이고 회피적인 태도를 많이 보일 수 있답니다.

보통 불확실성에 대한 두려움이 높은 아이들이 어린이집이나 유치원, 학교에 적응하기까지 또래에 비해 오랜 시간이 필요하고, 처음 해보는 것에는 쉽게 뛰어들지 않고 거부하는 행동을 많이 합니다. 그래서 부모 입장에서는 환경이 바뀔 때마다 피곤하고 곤욕스러운 시기를 매번 겪어야 하고, 적응이

되었다 싶으면 또 새로운 반에 적응시켜야 하는 숙제를 반복적으로 경험하게 되지요. 하지만 불확실성에 대한 두려움이 많은 아이가 가진 강점 중 하나는, 자극과 환경에 적응을 하고 확실함을 갖기 시작하면 그 어떤 아이들보다 더욱 안정적으로 잘 해나간다는 점입니다. 언제 무서워했냐는 듯 즐겁게 적응하고 활동하는 모습을 보여줍니다. 부모님들이 혼란스러워하는 이유도 이 때문이지요.

### 3. 낯선 사람에 대한 수줍음

위험회피의 특성이 '사람'과 '관계'에 대한 긴장으로 좀 더 강하게 나타나는 경우가 있습니다. 바로 '낯선 사람에 대한 수줍음'입니다. 많은 부모님들이 수줍음을 단순히 부끄러움이라고 생각하는데요, 이는 낯설고 예측할 수 없는 사람에 대한 높은 불안과 두려움이 긴장으로 나타나는 것이라고 볼 수 있습니다. 아이가 놀이터와 같은 또래가 있는 환경에 쉽게 들어가지 못하거나, 이웃들에게 인사를 하지 않아 고민이라는 부모님들이 계십니다. 이러한 행동의 원인 중 하나로 낯선 사람에 대한 수줍음을 고려해 볼 수 있습니다. 아이도 인사하고 싶고 다가가서 말을 걸어보고 싶지만, 새롭고 낯설다는 생각이 불안과 두려움을 느끼게 하고, 고개를 숙여 인사하는 단순한 행동도 할 수 없게 만드는 것이지요. 특히 "맨날 보는 윗집 아주머니인데 인사를 안 해요", "자주 보는 할머니마저도 거부해서 너무 난처해요"라는 고민을 털어놓는 부모님도 계십니다. 이 또한 부모의 시각에서 보면 자주 보는 익숙한 사람이지만, 아이에게는 그렇지 않을 수 있다는 점을 생각해야 합니다. 자주 만나지만 내가 가깝다고 느끼지 않고 예측할 수 없는 대상이라고 여기면 아이는 불안과 두려움을 느낄 수 있습니다.

### 4. 쉽게 잘 지치는 특성

위험회피에는 '쉽게 잘 지치는 특성'도 있습니다. 즉 에너지의 효율이 낮은 것이지요. 이 특성이 많은 아이라면 같은 활동을 해도 또래보다 더 많이, 빨리 지치는 모습을 보입니다. 부모는 우리 아이에게 이러한 특성이 있는지 잘 관찰할 필요가 있습니다. 아이가 쉽게 지치는 특성이 많다는 것을 모르면, '그냥 또래 아이들도 이 정도 활동은 하니까'라고 생각하며 무작정 어떤 활동을 제안하거나, 아이를 고려하지 않고 부모의 욕구에 따라 활동을 선택하는 실수를 반복할 수 있습니다. 아이들은 지치면 울거나 짜증을 냅니다. 언어로 표현하는 것이 쉽지 않고, 자신이 왜 지치고 짜증이 났는지를 정리

해서 설명할 수 없기 때문이지요. 또한 에너지가 소진된 상태에서는 평소보다 더욱 예민해지거나 불안을 많이 느끼는 모습도 보일 수 있습니다. 아이의 이러한 행동은 부모를 더욱 지치게 만듭니다. '나도 힘든데 기껏 데리고 외출했더니 왜 이렇게 짜증을 내는 거야!'라는 마음이 들면 아이의 마음을 받아줄 여유가 사라지게 되지요. 부모의 경우도 마찬가지입니다. 쉽게 잘 지치는 특성의 부모님은 다른 사람과 비슷한 활동을 해도 더 많이 지치거나 예민해질 수 있습니다. 운동을 하고 체력을 키우는 것이 어느 정도 도움은 될 수 있지만, 자신의 특성을 잘 이해하고 다른 부모와 비교하며 서두르지 않도록 노력해야 합니다.

불안과 두려움을 많이 느끼는 아이들 중에는 위험회피의 네 가지 세부 요인을 모두 가진 경우도 있고, 이 중 몇 가지에만 해당되는 경우도 있습니다. 아이가 일상에서 부모에게 보여주는 반응과 환경에 대한 반응이 어떠한 기질 특성에서 비롯되는지 생각해 본다면, 조금 더 아이의 행동을 이해할 수 있을 거예요.

## 위험회피가 다른 기질 특성과 만나는 모습

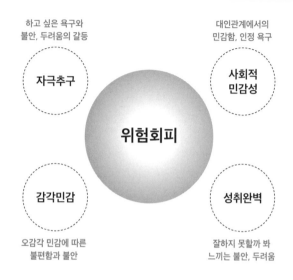

하고 싶은 욕구와
불안, 두려움의 갈등

자극추구

대인관계에서의
민감함, 인정 욕구

사회적
민감성

위험회피

감각민감

오감각 민감에 따른
불편함과 불안

성취완벽

잘하지 못할까 봐
느끼는 불안, 두려움

위험회피는 다른 기질 특성과 만나
또 다른 불안과 두려움을 만들어요

위험회피는 기질의 유형이 아니라, 기질의 여러 가지 특성 중 하나입니다. 그래서 아이는 위험회피 특성만 도드라질 수도 있지만 다른 기질 특성을 동시에 많이 가지고 있을 수도 있지요. 그리고 불안과 두려움이 핵심인 위험회피가 다른 기질 특성과 만날 때 또 다른 불안과 두려움이 아이에게 나타날 수 있습니다. 하나씩 살펴볼까요?

## 1. 위험회피 + 자극추구

**하고 싶은 마음과 두려운 마음이 동시에 생겨요 : 선택에 대한 불안**

위험회피 특성이 높음과 동시에 새로운 자극과 환경에 대한 호기심과 에너지(자극추구)도 많은 아이들이 있습니다. 얼핏 보면 완전히 반대의 특성처럼 보이는 두 가지의 기질 특성을 동시에 많이 가지고 있는 경우이지요.

이런 특성을 가진 아이에게는 새로운 자극이나 환경은 '선택에 대한 불안'을 갖게 합니다. 새로운 것을 보면 '와! 궁금해!', '하고 싶다!'라는 마음과 '그런데 잘 안 되면 어떡하지?', '막상 하려니 두려워'라는 마음이 동시에 생기면서 갈등하게 되는 것이지요. 눈을 질끈 감고 해보자니 두렵고, 그래서 포기하자니 아쉽고 속상한 마음이 반복됩니다. 아이의 이러한 마음을 부모는 알 수가 없지요. 그러다 보니 아이를 달래주고 도와주다가 결국 "도대체 어쩌라는 거야!", "이럴 거면 다음부턴 하고 싶다고 하지를 마!"라고 버럭해버리고 맙니다. 이렇게 부모가 아이의 양가적인 마음에서 비롯된 불안을 이해하지 못하면, 아이는 자기 자신의 특성을 이해하고 안전하게 선택해 보는 경험에서 더욱 멀어지게 됩니다.

## 2. 위험회피 + 사회적 민감성

칭찬받지 못할까 봐 걱정돼요 : 관계에 대한 불안

위험회피 특성과 더불어 인정과 관계에 대한 민감함(사회적 민감성)이 높은 아이들이 있습니다. 이러한 아이들은 기본적으로 낯선 환경에서의 긴장이 높습니다. 걱정도 많고 두려움도 많이 느끼지요. 그런데 동시에 사람들과 관계를 맺고 싶어 하거나 인정받고 싶은 욕구도 강합니다. 그래서 어떻게 해야 빨리 가까워질 수 있을지, 비난받지 않고 인정받을 수 있을지 촉을 세워 민감하게 파악하고 행동으로 옮기는 모습을 보이지요.

이러한 특성의 아이들에게 있어 '관계를 맺는 대상'은 불안과 두려움을 촉진시키기도 하고, 반대로 아이에게 빠른 안정과 적응에 도움을 주기도 합니다. 예를 들어 아이가 새로운 어린이집에 대한 거부가 심하고 적응을 어려워할 때, 아이가 느끼기에 다정하고 좋은 선생님은 아이의 적응을 앞당기는 도구가 되어줍니다. 아직 어린이집이라는 환경은 두렵지만, 안전하다고 느끼는 대상을 한 명이라도 발견하면 아이는 보다 빠르게 적응 단계로 진입하게 됩니다. 반대로 다른 사람이 보이는 반응이 아이의 불안을 더욱 증폭시키거나, 관계에서 오는 불안이 아이를 더욱 힘들게 하기도 합니다. 혹시라도 어린이집 앞에서 헤어질 때 부모가 불안해하거나 걱정하는 모습을 보이면 아이도 불안을 느낍니다. 자신이 가장 믿고 신뢰하는 대상의 반응을 중요하게 반영하기 때문이지요. '아, 엄마아빠가 저렇게 걱정스럽게 나를 쳐다보는 것을 보니, 여기는 위험한 곳인가 봐'라는 생각이 강화되는 거예요. 또한 아이에게 또래 관계가 중요해지는 연령부터는 특정 또래 관계에 속하지 못할까 봐, 미움받을까 봐 걱정하는 마음이 생깁니다. 이는 위험회피와 관계에 대한 민감함이 모두 많은 아이에게 흔히 나타나는 모습이라고 할 수 있지요.

### 3. 위험회피 + 성취완벽

잘하지 못할까 봐 두려워요 : 완벽에 대한 불안

위험회피 특성이 많으면서 동시에 지속하고 몰두하는 특성도 함께 나타나는 아이들이 있습니다. 지속하고 몰두하는 특성이 많은 아이들은 무언가를 빠르게 시작하고 잘 되지 않아도 여러 번 시도하는 모습을 보이며 가능한 완벽하게, 제일 잘 해내고자 하는 성취지향적인 모습을 보입니다. 그래서 무엇이든 열심히 하려고 하지요. 하지만 이러한 특성으로 인해 변하는 상황에 유연하게 대처하지 못하거나 자신의 뜻대로 되지 않거나 만족스럽지 못한 결과를 얻으면 쉽게 화를 내거나 좌절하는 모습을 보이기도 합니다. 즉, 이러한 특성과 위험회피가 동시에 많은 아이는 불안이 아이의 성취를 위한 원동력이 되기도 하지만, 한편으로는 아이가 무엇이든 쉽게 시작할 수 없게 만드는 최대 요소로 작용하기도 합니다. 잘하고 싶고 완벽하게 하고 싶은데 잘 되지 않을까 봐, 실패할까 봐 아이는 불안해합니다. 이러한 불안으로 인해 내가 잘할 수 있는 것만 하려고 하거나, 새로운 것은 시도조차 하지 않으려 하고, 불안한 마음에 거부하는 소극적인 행동을 하는 것이지요.

### 4. 위험회피 + 감각민감
**불안하고 동시에 고통스러워요 : 감각적인 불편함과 불안**

위험회피 특성과 더불어 감각적인 민감함을 많이 가지고 있는 아이들이 있습니다. 감각적인 민감함은 말 그대로 청각, 시각, 촉각, 미각, 후각과 같은 감각에 대한 민감함을 의미합니다. 즉 같은 환경 안에서도 더 많은 감각적 자극을 느낄 수 있는 것이지요. 이런 민감함은 아이에게 분명한 불편함을 줍니다. 다른 사람은 그냥 지나갈 수 있는 소리도 아이에게는 심하게 거슬릴 수 있고, 식감이나 냄새가 조금만 이상해도 음식을 거부합니다. 게다가 아이들은 자신이 느끼는 불편함을 정중하게 표현하고 요청하는 방법을 아직 모릅니다. 그래서 울거나 떼쓰고 고집부리며 소리 지르는 방식으로 표현하지요. 특히 감각이 민감한 아이를 키우는 부모는 육아 초기부터 이미 많이 지쳐 있습니다. 그래서 아이의 반복되는 요구에 "그냥 입자", "그냥 좀 먹어봐", "그냥 참아봐"라고 거절하는 경우가 많습니다. 물론 거절할 수 있습니다. 모든 요구를 들어줄 수는 없으니까요. 문제는 언제나 거절이 먼저인 경우가 점점 많아진다는 점입니다. 그러면 아이는 더욱 과격한 방식으로 자신의 불편과 불안을 호소하게 되고, 부모는 결국 못 이긴 듯 아이가 원래 원했던 대로 맞춰주게 됩니다.

아이는 이 과정에서 세상은 정말 불친절하고, 고집부리고 울지 않으면 해결되지 않는다는 것을 경험하게 됩니다. 결과적으로 아이의 잘못된 요구방식을 더욱 강화하는 꼴이 되지요. 특히 위험회피와 감각적 민감함이 모두 높은 아이들은, 감각이 주는 불안정함으로 인해 낯선 자극과 환경에 대한 불안과 두려움이 더욱 증폭되는 경우가 많습니다. 부모 입장에서는 분명하게 구분되지 않지만, 아이에게는 새롭고 낯선 상황에 대한 불안과 감각적인 불편함이 주는 고통과 두려움이 이중으로 겹쳐친 상황인 셈이지요. 부모도 아이의 행동을 다루기가 너무 어렵겠지만, 아이가 가장 힘들 거예요.

## 특정한 생각과 경험이
## 아이의 불안과 두려움을 강화시켜요

　　발달과정 중 경험하는 불안이나 기질 특성으로 인해 느끼는 불안이 특정한 생각이나 경험과 만나 더욱 견고하게 아이 마음에 자리잡는 경우가 있습니다. 부모가 어찌할 수 없는 특별한 사건이 발생하거나 아이가 과도한 자극에 노출되는 경우이지요. 제가 오랜 시간 양육 상담을 해드렸던 부모님 중에 기질적으로 불안과 두려움이 매우 많은 아이를 키우는 분이 계셨습니다. 아이의 특성을 이해하고 적절한 양육 방법을 배우면서 아이가 눈에 띄게 불안을 잘 다스리고, 제법 용감하게 도전하는 모습을 보여주기도 했어요. 어느 날, 아이와 동생이 영상을 보고 있는 사이에 엄마는 음식물 쓰레기를 버리러 잠시 자리를 비웠습니다. 잠깐 정도의 외출은 충분히 가능한 단계가 되었기에 엄마는 첫째 아이에게 잘 설명을 하고 나갔습니다. 그런데 엄마가 엘리베이터를 타고 내려간 사이 아파트에 갑자기 화재경보 사이렌이 울리기 시작했습니다. 실제 화재는 아니었고 오작동으로 인한 해프닝이었습니다. 엄마가 놀란 마음에 허겁지겁 올라와 보니 첫째 아이가 문 앞에 서서 자지러지게 울고 있었습니다. 엄마가 아무리 달래도 아이의 마음이 쉽게 가라앉지 않았지요. 그 사건 이후로 아이는 다시 엄마 껌딱지가 되었습니다. '엄마가 자리를 비우면 무서운 일이 일어난다'라는 생각이 다시 아이의 마음에 자리 잡아버린 것이지요. 엄마가 화장실을 가는 것도 싫어하고, 잘 놀다가도 "엄마?", "엄마?" 하면서 계속 확인하는 모습을 보이기 시작했습니다. 아이가 퇴행한 것은 아닐까 걱정하고 불안했던 엄마는 저에게 다시 연락을 주셨어요. 우리는 다시 처음부터 하나하나 짚어가며 아이의 불안을 잠재우고, 불안한 마음을 일으키는 아이의 경험을 바꾸어주는 노력을 기울였습니다. 다행히 아이는 오래 걸리지 않고 이전만큼 불안과 두려움을 스스로 해결할 수 있게 되었지요.

이처럼 아이는 갑작스럽게 불안 버튼을 누르는 다양한 생활 사건과 정보를 버거워할 수 있습니다. 해결할 수 있는 경험과 인지발달이 부족한 상황이기에 부모가 이해할 수 없는 강도의 불안을 보이는 것이지요.

아이들이 느끼는 다양한 형태의 불안과 두려움에 대해 읽으면서 내 아이의 여러 가지 모습이 머릿속에 스쳐 지나갈 거예요. '아! 그래서 그랬구나!'라는 공감은 되지만 '그래서 어떻게 해야 하지?'라는 조급한 마음이 들 수 있어요. 아마 이 책을 읽는 부모님들의 대다수는 아이의 이러한 행동에 공감하며 도와주기 위해 여러 가지 방법으로 애써왔지만 기대만큼 아이가 바뀌지 않아 고민하고 계실 것 같아요. 우리 아이들은 단기간 안에 바뀌긴 어려울 수 있어요. 그래서 좀 더 신중하고 체계적인 접근과 이해가 필요합니다. 책을 읽어나가며 조금 더 구체적인 방법을 함께 배워보아요.

# 불안은 언제부터
## 문제가 되는 걸까?

아이가 정상발달과정에서 불안이나 두려움을 보일 수 있고, 기질에 따라서도 좀 더 많은 불안과 두려움을 느낄 수 있다는 것을 알았지만 아이를 바라보는 부모의 마음은 말끔하지 못합니다. '혹시 그래도 아이에게 문제가 있는 것은 아닐까?', '지금은 괜찮지만 나중에 문제가 되지는 않을까?', '더 심해지는 건 아닐까?' 하는 걱정이 자연스럽게 따라오기 때문이지요.

## 아이에게
## 불안장애가 있는 것은 아닐까요?

◦

아이가 불안과 두려움으로 인한 어떠한 행동을 보일 때, 이 것이 정상발달이냐 문제 상황이냐를 결정하는 것은 결코 쉬운 문제가 아닙니다. 단순히 이런 행동을 하면 정상, 이런 행동을 하면 문제라고 정의할 수 있는 것이 아니라, 행동이 얼마나 지속적으로 나타나고 반복되는지, 이전에 비해서 정도가 어떠한지, 불안과 두려움이 아이의 일상생활에 어느 정도 영향을 주고 있는지 등을 세밀하게 관찰해야 하기 때문입니다.

불안과 관련한 장애에는 여러 종류가 있습니다. 특정한 대상(예를 들어 강아지, 높은 곳 등)에만 나타나는 특정 공포증, 대인관계에서 극도로 긴장하고 얼어붙는 사회불안, 그리고 특정한 상황이 아니라 일상 전반에서 최악의 결과를 상상하며 불안해하는 범불안장애 등이 있지요. 다만 이러한 불안장애 진단은 어린아이들에게는 잘 내리지 않습니다. 적어도 아이가 인지적으로 유아 단계보다 성숙한 상태가 되는 만 7세 이상은 되어야 불안장애로서 아이의 불안을 염두에 둘 수 있습니다.

그렇다면 우리는 아이의 불안을 '그저 괜찮아지겠거니' 하는 마음으로 바라만 보아도 괜찮은 걸까요? 아이의 불안과 두려움이 이상 신호로 발전하고 있는지 살펴볼 수 있는 몇 가지 기준에 대해 이야기해 보려고 합니다.

첫 번째 기준은 아이가 느끼는 불안과 두려움이 '장기간 강하게 지속'되고 있으며, 아이가 더 이상 나아가지 못하는 모습이 뚜렷하게 보이는가입니다. 변화 속도는 느릴 수 있고 또래 아이들보다 한참 늦을 수 있습니다. 하지만 부모는 아이가 불안과 두려움에서 조금씩 앞으로 나아가고 있는 변화를 느낄 수 있습니다. 예를 들어 아이는 작년에도 어린이집 등원을 두려워하고 올해도 여전히 두려워할 수 있습니다. 하지만 변화가 나타나는 아이라면 작년보다는 조금 덜 울거나, 진정하는 속도가 조금이라도 빨라지는 등 부모만이 느낄 수 있는 미묘한 진전이 있습니다. 아이가 불안과 두려움에 더 강하게 압도되지 않고 앞으로 나아가고 있다는 신호가 굉장히 중요합니다. 아이가 시간이 지날수록 더욱더 불안과 두려움을 못 견뎌 한다면 아이에게 도움이 꼭 필요한 시점일 수 있습니다.

두 번째는 아이가 느끼는 불안과 두려움이 아이의 일상생활과 발달에 영향을 줄 만큼 그 고통이 심하고, 이로 인해 가족의 생활 또한 고통을 받고 있는지의 여부입니다. 새로운 것을 시도하길 거부하고 두려워할 수 있으며, 적응 기간이 더 오래 걸릴 수 있습니다. 하지만 아이가 지속되는 강한 불안과 두려움으로 인해 일상생활에서 배우고 경험해야 하는 것을 전혀 할 수 없다면, 그리고 이러한 경험이 오랜 시간 반복되면서 아이의 자신감과 자존감에 영향을 주고, 가족 모두의 생활에 직접적인 영향을 지속적으로 주고 있다면 분명히 과도한 불안일 수 있습니다. '아이가 불안장애를 가졌다/아니다'의 여부가 아니라 아이에게 전문가의 도움이 필요한 상황이라고 판단하는 것이 필요합니다.

이 책은 불안장애에 가까운 불안이나 두려움보다는, 발달과 기질적 특성으로 인해 불안과 두려움을 또래보다 많이 느끼고, 이를 다루기 위한 적절한 양육 방법이 필요한 부모들을 위한 가이드로서의 목적을 가지고 있습니다. 아이의 불안과 두려움의 정도에 대해 판단이 잘 되지 않는다면, Part 3 '혹시 상담센터나 소아정신과를 가봐야 할까요?' 내용을 참고해 주시고, 빠르게 상담센터나 병원을 찾아가서 도움 받으시기를 권합니다.

## 저의 잘못된 양육 방법이 아이를
## 더욱 불안하게 만드는 것은 아닌가요?

∘

　불안과 두려움이 많은 아이를 키우는 부모님들은 보통 그 원인을 자신의 양육 태도에서 찾으려 합니다. 혹시 나도 모르게 아이의 불안을 강화시키고 있는 건 아닌지, 나의 양육 방법으로 아이가 불안해진 것은 아닌지, 혹시 애착에 문제가 있는 것은 아닌지 등 여러 가지 지점에서 원인을 찾으려고 하지요. 물론 부모의 양육 태도는 중요합니다. 부모와 아이가 맺는 초기 관계는 아이에게 심리적인 안정감을 주며, 아이가 독립적으로 세상에 나가게 하는 안전망이 되어주니까요. 또한 아이마다 가지고 있는 특성에는 언제나 장점과 단점이 동시에 있기에, 아이에게 필요한 부분을 가르치고 보완하며, 자신의 좋은 부분을 인지하도록 도와주는 대상으로서 부모의 역할은 정말 중요합니다. 그렇다고 해서 아이가 느끼는 불안과 두려움이 모두 부모 때문이라고 할 수는 없습니다. 앞서 이야기했듯 아이의 발달단계, 기질적 특성, 외부에서의 경험, 아이가 살고 있는 환경 등 다양한 요인이 아이에게 영향을 미치기 때문입니다. 부모의 상호작용 방식이나 양육 태도는 아이의 불안과 두려움을 돕는 해결의 지점이 될 수 있습니다. 그래서 저는 부모님들이 아이의 불안과 두려움의 원인을 부모 자신에게서 찾으며 과거에 머물러 반성하는 것에서 벗어나, 아이의 불안을 도울 수 있는 방법을 찾는 데 집중하자고 권하고 싶습니다.

존스홉킨스의대 심리학자 긴스버그와 슐로스베르크(Golda S. Ginsburg, Margaret C. Schlossberg)는 2002년 논문(Family-based treatment of childhood anxiety disorders)에서 아이가 느끼는 불안에 도움이 되지 않는 부모의 행동으로 부모의 과잉통제와 보호, 아이의 불안에 대한 지나친 동의와 강화, 아이의 불안을 회피하거나 묵인하는 행동, 아이의 도움 요청을 거절하거나 비난하는 행동 등을 언급했습니다.

아이의 불안은 부모를 불안하게 합니다. 특히 아이가 불안과 두려움으로 인해 강력한 행동을 하게 되면, 부모는 당황하고 감정에 압도되어 적절한 반응 방법을 생각할 여유조차 잃게 되지요. 그래서 아이를 과잉보호하며 불안함을 야기하는 요인 자체를 최대한 만나지 않게 하거나, 아이가 계속 회피하도록 내버려두는 수동적인 태도를 취하는 경우가 많습니다. 부모님의 스트레스가 높아졌을 때는 어떻게 대처해야 할지 몰라 아이의 감정을 비난하거나 도움을 거절하는 다소 공격적인 반응을 하기도 하지요.

우리는 이러한 방법에서 벗어나 아이에게 어떻게 반응해야 하는지를 보다 분명하고 구체적으로 배워야 할 필요가 있습니다. 아이가 느끼는 불안과 두려움의 어떤 부분을 공감해야 하고, 어떤 반응을 해야 하는지, 그렇게 했을 때 아이의 생각과 감정에는 어떠한 변화가 생기는지 배우고 이해해야 합니다. 부모가 아이의 마음속 변화를 이해하고 구체적이고 적절한 반응 방법을 배워 적용한다면 불안에 압도된 아이에게 휘둘리지 않고 든든한 지지자가 되어줄 수 있을 겁니다. 이제, 아이의 불안과 두려움에 대처하는 방법을 함께 배워보겠습니다.

# Part 2

아이가 불안과
두려움에
압도되지 않도록
부모가 해야 하는 일

불안과 두려움이
많은 아이에게

부모는 무엇을
가르쳐 줘야 할까?

아이가 새로운 자극이나 환경에 대해 느끼는 두려움과 불안이 정상발달과정의 일부이며, 아이의 특별한 기질 특성임을 이해한다 해도 부모의 고민은 끝나지 않습니다. 실제로 많은 부모님들이 저에게 "선생님 강의를 듣고 이제 아이가 왜 그러는지 이해는 돼요. 그렇다고 아이를 계속 저렇게 불안해하도록 내버려둘 수는 없잖아요", "아이의 발달이고 기질 특성이라면 그냥 무조건 기다려줘야 하나요?"라고 호소하곤 합니다. 또한 "불안과 두려움을 많이 느끼지 않도록 아이를 바꿀 수 있는 방법은 없을까요?"라고 간절하게 물어보기도 하지요. 아이의 불안과 두려움을 바라보는 부모의 답답하고 애

타는 마음을 이해합니다. 저 역시 불안도가 높은 아이를 10년 간 키우면서 '나도 정말 힘들지만, 본인은 얼마나 더 힘들까' 라는 생각을 수도 없이 했고, 할 수만 있다면 아이의 특성을 바꿔주고 싶었으니까요.

그런데 아이가 불안과 두려움을 느끼지 않도록 부모가 모든 것을 다 막아줄 수 있을까요? 그런 방법을 기대하며 이 책을 든 부모님은 실망스럽겠지만, 이는 불가능에 가깝습니다. 특히 아이가 기질적인 특성으로 인해 불안과 두려움을 느끼는 경우라면, 부모가 아무리 노력해도 아이는 낯선 상황에서 긴장하며 뒤로 물러설 가능성이 높습니다. 익숙하지 않은 것에 대한 아이의 자동적인 반응이거든요. 이는 다른 특성에 대해서도 동일하게 적용됩니다. 새로운 자극이나 환경에 대해 호기심을 많이 느끼고, 즉흥적인 행동으로 옮기는 아이들도 있습니다. 이러한 특성을 가진 아이들이 '새로운 것 앞에서 반응하지 않기'란 쉽지 않지요. 아이가 자극과 환경에 대해 느끼는 일차적인 반응은 우리가 조절할 수 있는 것이 아닙니다.

그렇다면 아이가 가진 특성이며 자동적인 반응이므로 그냥 수용하고 내버려두어야 하는 걸까요?

부모 입장에서 아이를 마냥 지켜보며 기다리기란 쉽지 않은 일입니다. 간혹 "내버려두면 아이가 자라는 동안 괜찮아진다"라는 조언을 듣기도 하는데, 어떤 부분에서는 맞지만 모든 경우에 해당하는 건 아닙니다. 예를 들어, 아이가 무서워하던 것이 사라질 수 있어요. 자라면서 다양한 경험을 하다 보면 '무서운 것이 아니구나'라고 깨닫기 때문이지요. 하지만 아이가 무섭다고 생각했던 것에 대해 안 좋은 경험을 여러 번 하게 되면 더욱 강한 공포가 아이 마음에 자리 잡기도 합니다. 특히 아이가 기질적으로 불안과 두려움을 또래보다 더 많이 느낀다면 무작정 내버려두고 기다리는 방법은 적절하지 않습니다. 아이는 스스로 자신의 특성을 잘 다루는 방법을 배워야 합니다. 그렇지 않으면 자신이 느끼는 불안과 두려움에 압도되고 어떻게 행동할지 선택할 수 없게 됩니다.

## 우리의 역할은 아이가 스스로
## 불안과 두려움을 조절하도록 돕는 거예요

◦

불안과 두려움으로 아이가 힘들어하지 않도록 도와주고 싶다면, 부모의 역할이 불안과 두려움을 막아주거나 제거하는 것이 아니라 관리하고 조절하도록 가르치는 것에 있다는 점을 가장 먼저 인지해야 합니다. 우리가 해야 하는 역할이 잘못 설정되는 순간, 아이에게 도움을 주어야 하는 가장 중요한 부분을 놓칠 수 있기 때문입니다.

부모인 우리는 아이 곁에서 모든 순간을 함께할 수도 없고, 영원히 같이 있어줄 수도 없습니다. 아이가 어릴 때는 무서워하는 것을 미리 없애줄 수도 있고, 아이가 두려워하면 달래주거나 대신 해줄 수도 있어요. 하지만 어느 시점부터 아이는 혼자 그 순간을 견디고 행동을 선택해야만 합니다. 아이가 중학교, 고등학교를 가거나 더 커서 군대에 가고 직장에 다니는 어른이 되어서까지 부모가 함께해 줄 순 없기 때문이지요. 그렇기에 아이는 자신의 불안과 두려움을 회피하는 것이 아니라 인식할 수 있어야 합니다. 또한 걱정되고 피하고 싶지만 어떠한 행동을 할 것인지 선택할 수 있는 힘을 지녀야 합니다. 스스로 불안과 두려움을 느낄 때 이러한 감정을 완화시키는 방법을 가지고 있는 것도 유용하지요. 즉 아이에게 가장 필요한 것은 '스스로 자신의 불안과 두려움을 다룰 수 있는 다양한 전략'입니다. 그리고 부모의 역할은 바로 아이가 이러한 전략을 가질 수 있도록 적절하게 반응하고 방법을 알려주며, 성공적인 경험을 쌓아가도록 돕는 것에 있습니다. 마치 게임을 할 때 위기 상황마다 사용할 수 있는 아이템을 미리 만들어 저장해 두는 것과 같다고 볼 수 있지요.

그렇다면 불안과 두려움을 어떻게 다루어주어야 아이가 걱정하고 회피하고 싶은 마음을 이기는 행동을 선택할 수 있을까요? 지금부터 소개하는 방법들을 아이와의 일상에 하나씩 적용해 보세요.

## * 나는 아이의 불안과 두려움에 대해 어떻게 반응하는 부모일까? *

아이의 불안과 두려움을 다루는 방법을 배워보기에 앞서, 나는 어떻게 반응하는 부모인지 점검해 보면 좋아요. 아이의 불안과 두려움을 수용해 주는 정도와 아이가 불안과 두려움을 극복하도록 적절한 도움을 제공하는 전략의 정도에 대해 체크해 보세요.

### 1. 나는 아이의 불안과 두려움을 어느 정도 수용하고 있을까?

(수용 정도 테스트)

각 문항에 체크한 점수를 더해보세요. 그리고 아이의 불안과 두려움에 대한 나의 수용 정도가 어떠한지 살펴보세요.

| | | 매우<br>그렇다 | 가끔<br>그렇다 | 그렇지<br>않다 |
|---|---|---|---|---|
| 1 | 나는 아이가 무언가에 대해 계속 걱정하는 모습을 보면 화가 난다 | 1 ☐ | 2 ☐ | 3 ☐ |
| 2 | 나는 불안과 두려움은 도움이 되지 않는 감정이라고 생각한다 | 1 ☐ | 2 ☐ | 3 ☐ |
| 3 | 나는 아이가 걱정하거나 무서워하는 행동이 이해가 되지 않아 자주 답답하다 | 1 ☐ | 2 ☐ | 3 ☐ |
| 4 | 아이가 걱정과 두려움에 대해 듣다 보면 내가 더 불안해지곤 한다 | 1 ☐ | 2 ☐ | 3 ☐ |
| 5 | 또래 아이들과 비교하면 뒤처지는 것 같아서 초조한 마음이 들 때가 많다 | 1 ☐ | 2 ☐ | 3 ☐ |
| 6 | 나는 아이가 소극적으로 행동하는 것이 답답하다 | 1 ☐ | 2 ☐ | 3 ☐ |
| 7 | 나는 아이가 새로운 것에 적응하는 기간을 기다려주는 것이 어렵다 | 1 ☐ | 2 ☐ | 3 ☐ |
| 8 | 나는 아이가 용감해지도록 다양한 변화와 시도를 많이 권하는 편이다 | 1 ☐ | 2 ☐ | 3 ☐ |
| 9 | 아이가 가진 성격의 강점을 떠올리기가 쉽지 않다 | 1 ☐ | 2 ☐ | 3 ☐ |
| 10 | 아이의 불안과 두려움을 수용해 주면 아이가 더 약해질까 봐 걱정이 된다 | 1 ☐ | 2 ☐ | 3 ☐ |

**[총점 30-26점] 아이의 불안과 두려움을 잘 수용하고 있어요**

아이가 걱정하고 무서워할 때 최대한 아이의 감정과 속도를 수용하고 기다리는 모습을 보입니다. 불안과 두려움이라는 감정을 인정하고 아이에게 공감하고자 하며 부정적으로 바라보지 않기 위해 노력하고 있어요. '공감이 아이를 약하게 만드는 것은 아닐까?'라는 고민을 멈추고, 지금 하고 있는 나의 양육 방법에 대해 확신을 가지세요!

**[총점 16-25점] 아이의 불안과 두려움을 수용하는 것이 때때로 잘 되지 않아요**

부모로서 아이의 불안과 두려움을 공감하고 기다려주기 위해 노력하고 있습니다. 하지만 때때로 아이의 모습을 보며 걱정되는 마음이 들거나 초조한 마음에 화가 나기도 합니다. 아이의 감정을 수용해야 한다는 것은 알지만, 왜 그렇게 해야 하는지 확신을 갖지 못한 상태일 수 있어요. 아이에게 공감해주는 것이 궁극적으로 아이의 불안 해결에 어떠한 도움이 되는지 이해하여 확신을 갖고 행동할 필요가 있어요.

**[총점 15-10점] 아이의 불안과 두려움을 있는 그대로 수용하는 게 잘 안 돼요**

아이의 불안과 두려움을 수용하기 매우 어려운 상태입니다. 아이가 느끼는 감정이 부정적이라고 생각되기에 가능한 빨리 해결하고 극복하길 바라고 있어요. 부모로서 가질 수 있는 생각이지만, 아이는 충분한 공감을 받지 못하고 있을 가능성이 높아요. 왜 공감해야 하는지, 그리고 어떻게 공감해야 하는지 구체적인 방법을 배우고 연습해야 해요.

### 2. 나는 아이의 불안과 두려움을 얼마나 잘 다루어주고 있을까?

(도움 제공 전략 정도 테스트)

| | | 매우<br>그렇다 | 가끔<br>그렇다 | 그렇지<br>않다 |
|---|---|---|---|---|
| 1 | 나는 아이가 언제 주로 불안과 두려움을 느끼는지 잘 파악이 되지 않는다 | 1 ☐ | 2 ☐ | 3 ☐ |
| 2 | 나는 아이가 걱정하거나 무서워하면 어떻게 첫 반응을 해야 하는지 잘 모르겠다 | 1 ☐ | 2 ☐ | 3 ☐ |
| 3 | 나는 아이가 새로운 환경에 빨리 적응하도록 도와주는 방법을 잘 모르겠다 | 1 ☐ | 2 ☐ | 3 ☐ |
| 4 | 나는 아이가 걱정하거나 무서워할 때 원인을 파악하는 것이 어렵다 | 1 ☐ | 2 ☐ | 3 ☐ |

| 5 | 나는 아이의 불안과 두려움에 대해 무엇부터 도와줘야 하는지 판단이 잘 서지 않는다 | 1 ☐ | 2 ☐ | 3 ☐ |
|---|---|---|---|---|
| 6 | 나는 아이의 불안과 두려움을 효과적으로 해결해 준 성공경험이 별로 없다 | 1 ☐ | 2 ☐ | 3 ☐ |
| 7 | 아이를 기다려주려고 노력하지만, 기다림에 대한 확신이 들지 않아 불안하다 | 1 ☐ | 2 ☐ | 3 ☐ |
| 8 | 나는 아이의 불안과 두려움을 다루어주기 위해 전문가를 만나거나 공부한 적이 없다 | 1 ☐ | 2 ☐ | 3 ☐ |
| 9 | 불안과 두려움은 아이가 자라면서 저절로 해결되는 부분이라고 생각한다 | 1 ☐ | 2 ☐ | 3 ☐ |
| 10 | 나는 아이의 불안과 두려움을 대하는 나의 양육 방법에 대해 확신이 들지 않는다 | 1 ☐ | 2 ☐ | 3 ☐ |

각 문항에 체크한 점수를 더해보세요. 그리고 나에게 아이의 불안과 두려움을 다루는 전략이 얼마나 있는지 점검해 보세요.

**[총점 30-26점] 아이의 불안과 두려움을 잘 다루어주는 방법과 확신을 가지고 있어요**

아이의 불안과 두려움에 대해 어떻게 반응하고 원인을 파악하며 도와줘야 하는지 구체적인 방법을 알고 있으며, 양육 방법에 대한 확신을 가지고 있어요. 아이의 감정을 수용하고 공감하는 것이 함께 이루어진다면, 아이의 건강한 성장을 더욱 잘 도울 수 있어요.

**[총점 16-25점] 아이의 불안과 두려움을 다루는 것이 때때로 버거워요**

아이의 불안과 두려움을 어떻게 다루어주어야 하는지 방법은 알지만 실제로는 잘 적용이 되지 않거나, '이렇게 해도 되는 걸까?'라는 확신이 없는 상태라 지속하지 못할 가능성이 높아요. 아이가 느끼는 감정에 적절하게 대처하고 기다리기 위한 배움이 필요해요.

**[총점 15-10점] 아이의 불안과 두려움으로 인해 부모가 매우 혼란스러운 상황이에요**

아이가 불안과 두려움을 드러낼 때 어떻게 반응해야 하는지 구체적인 방법과 확신을 거의 갖고 있지 못한 상태예요. 부모의 감정과 상황에 따라 즉흥적으로 대하거나 아이를 더욱 불안하게 만들 가능성이 높아요. 아이의 불안과 두려움을 다룰 수 있는 방법을 배우고 연습해야 해요.

체크해 보니 어떠신가요? 아이의 불안과 두려움을 잘 다루어주기 위해서는 감정을 잘 수용해 주는 것과 구체적인 전략으로 도와주는 것 모두 중요합니다. 부모가 아이의 불안과 두려움은 수용하지만 도움을 적절하게 줄 수 없다면, 아이는 불안과 두려움을 극복하고 성장하는 데 어려움이 있을 거예요. 반대로 부모가 충분한 전략은 가지고 있지만 아이의 감정을 수용해 주지 않는다면, 아이는 안정감을 느낄 수 없기에 변화를 시도조차 할 수 없어요. 지금부터는 수용과 전략을 균형 있게 가져가며 아이를 도울 수 있는 방법에 대해 자세히 배워봅시다.

# 아이의 불안과
# 두려움을 다루는 방법 1

- 공감과 기다림으로
수용하기

불안과 두려움이라는 감정은 완전히 없앨 수는 없습니다. 그러나 잘 다룰 수는 있지요. 부모인 우리는 아이가 이러한 방법을 배우고 스스로 사용할 수 있도록 도와야 합니다. 물론 한 번의 시도만으로 되는 건 아닙니다. 호기심 많고 즉흥적인 행동을 하는 아이가 인내와 규칙을 지키는 방법을 배워가듯, 불안과 두려움이 높은 우리 아이들도 마찬가지랍니다. 그저 조금 더 신경 써서 배우고 연습해야 할 영역이 있는 것이지요.

아이가 스스로 불안과 두려움을 다루기 위해서 부모는 아이에게 아주 기본적인 두 가지를 제공해 주어야 합니다. 바로 공감과 기다림입니다. 아이의 감정을 수용하고, 아이가 자극

과 환경에 적응하는 데 좀 더 많은 시간이 필요하다는 사실을
인정하는 것이지요. 이 두 가지는 부모의 마음에 단단한 토양
처럼 자리를 잡아야 합니다. 그래야 아이를 더 많은 경험과
더 넓은 세상으로 확장시켜 줄 다양한 전략들이 아이의 마음
에 닿고 효과를 낼 수 있어요.

**불안과 두려움을 이기는 자원 빌드업Build-up**

# 아이의 불안은
# 공감받아야 합니다

## 우리는 왜 아이에게
## 공감하지 못할까요?

많은 부모님들이 아이가 걱정하거나 두려움을 느낄 때 반드시 '공감'을 해주어야 한다고 알고 있어요. 하지만 실제로 아이가 눈앞에서 두려움과 불안을 호소할 때 공감하기란 쉽지 않습니다. 아이의 우는 소리, 징징거리는 소리, 끊임없이 달라붙는 행동은 부모를 더욱 지치게 하고 결국 화를 내게 만들지요. 모든 부모교육에서 '공감'을 강조하지만, 공감을 제대로 하는 부모는 거의 없습니다. 더구나 불안이나 두려움과 같은 '부정적인 감정'이라고 인식되는 감정에 대해 진심 어린 공감을 해주기란 어색하고 어려운 일이지요.

부모님들이 공감을 어려워하는 데에는 여러 가지 이유가 있습니다.

첫째는 공감을 왜 해야 하는지 정확하게 이해하지 못해서 입니다. 중요하다는 것을 알고는 있지만, 공감이 아이에게 어떤 영향을 주는지 정확하게 이해하지 못하기 때문입니다. 특히 아이의 불안과 두려움에 대한 공감은 단순히 아이를 달래기 위함이 아니라, 감정을 조절하도록 돕는 방법이라는 것을 모르는 경우가 많습니다. 잘 모르기 때문에 자꾸만 놓치게 되지요.

둘째는 '공감이 오히려 아이를 약하게 만드는 것은 아닐까?'라는 생각 때문이에요. 아이가 불안과 두려움의 감정을 내비칠 때 공감을 해주면서도 내적 갈등을 하는 부모님이 참 많습니다. '나의 이런 반응이 오히려 아이의 불안을 더욱 강하게 만드는 게 아닐까?', '내가 아이의 응석을 너무 받아주고 있는 걸까?'라는 생각과 동시에 '그래도 공감을 해줘야 한다는데…'라는 의무감이 충돌하는 것이지요. 그러다 보니 어떤 상황에서는 지나치게 받아주고, 어떤 상황에서는 아이의 감정을 축소하거나 차단하는 모습으로 나타납니다. 결국 부모의 이러한 고민은 아이에게 일관성 없게 행동하는 원인이 되기도 합니다.

셋째는 대다수의 부모님들이 '어떻게' 공감해야 하는지 구체적인 방법을 잘 모릅니다. 지금 아이를 키우는 부모님들은 대부분 성장하면서 부모로부터 제대로 공감을 받은 경험이 없을 가능성이 높습니다. 부모인 우리가 자랄 때만 해도 '아이에게 공감을 해주어야 한다'라는 인식이 거의 없을 때였으니

까요. 저 역시 굉장히 불안이 높고 두려움이 많은 성향의 아이였는데, "울지 마", "운다고 해결되지 않아"라는 이야기를 많이 듣고 자랐거든요. 상담할 때 부모님들의 이야기를 들어 보면 '그렇게 울면 남자답지 못해, 뚝!', '뭐가 무섭다고 그러니'와 같은 반응을 들으며 자란 경우가 무척 많았습니다. 그런 우리가 성장해서 부모가 되었는데, 이제는 '공감'이 중요하다고 하니 당황스러울 수밖에요. 먹어본 적 없는 음식을 똑같이 만들어야 하는 아이러니한 상황인 것이지요. 억지로 배운 공감의 대화는 입에 잘 붙지 않고 어색하기만 합니다. '이렇게 하는 것이 맞나?'라는 의심이 들기도 하고요. 게다가 우리는 불안이나 두려움 같은 감정이 불편하기도 합니다. 왠지 나쁜 감정인 것 같으니 아이도 안 느꼈으면 하는 마음이 생기기도 하지요. 그래서 자꾸만 빨리 해결해 주고 싶은 마음이 앞서게 됩니다. 공감보다는 "이렇게 해보면 어때?", "다들 이렇게 하잖아"라는 해결책을 먼저 제시하게 되는 원인이 바로 여기에 있는 것이지요.

## 아이의 불안과 두려움에
## 공감이 필요한 이유

공감이 이렇게 어려운 일임에도 불구하고 꼭 해야 하는 이유는 무엇일까요?

"아이에게 공감을 해주세요"라는 말이 꼭 '공감만!' 하라는 뜻은 아닙니다. '아이에게 공감만 해주어야 한다'라는 의미보다는, 아이에게 '공감을 제일 먼저 해주세요!'라는 의미가 훨씬 정확하다고 볼 수 있어요. 특히 아이가 불안과 두려움을 느껴 울거나 떼를 쓰며 호소할 때는 공감부터 하는 것이 중요합니다. 왜냐하면 불안과 두려움을 최고로 느끼는 상황은 아이가 상당히 흥분된 상태이기에, 어떤 이야기를 해도 입력이 잘 되지 않기 때문입니다. 부모 입장에서는 불안과 두려움을 빨리 해결해 주고 싶기도 하고, 반복되는 아이의 행동에 지쳐 대충 무마시키고 싶은 마음이 들 수 있어요. 하지만 공감은 아이가 다음 단계로 나아갈 수 있도록 돕기 위한 아주 기본적인 단계입니다. 공감이 먼저 제공되어야 그 다음의 메시지가 아이에게 잘 전달될 수 있어요.

공감은 처음에는 어렵지만, 대화 습관을 잘 만들어 놓으면 아이와 신뢰를 쌓아가는 데 큰 도움이 됩니다. 아이 입장에서의 공감은 '부모가 나의 마음을 생각해 주는구나', '내가 틀렸다고 하지 않는구나', '내 이야기를 들어주는구나'라는 느낌을 갖게 합니다. 이러한 마음이 바로 부모와 아이 사이에 만들어져야 하는 신뢰감이지요. 신뢰가 바탕이 되어야, 부모가 그다음에 아이에게 전달하는 여러 대안과 해결책이 잘 흡수될 수 있어요.

상황을 조금만 바꾸어 생각해 보면 쉽게 이해할 수 있습니다. 우리에게 누군가가 어떤 충고를 해주거나 도움을 제안한다고 해서 무조건 그것을 수용하지는 않습니다. 상대가 내 이야기를 충분히 듣고 공감해 주었다면, 상대방 말을 신뢰하며 듣고 받아들일 수 있어요. 하지만 상대방이 내 말을 제대로 듣지도 않고 해결책부터 쏟아내거나 그러한 감정은 잘못된 거라고 비난한다면 어떤 마음이 들까요? 아무리 좋은 충고를 해준다고 해도 받아들이기 쉽지 않을 거예요.

공감을 지속적으로 받지 못하는 상황을 생각해 보면, '공감의 중요성'은 더욱 분명해집니다. 아이가 자신이 느끼는 불안과 두려움을 부모님에게 표현했는데, 부모가 이 감정에 공감해 주지 않고 해결만 해주려고 한다면 어떨까요? 처음에는 울고 떼쓰며 고집을 부리거나 부모의 말을 따르는 것처럼 행동할 수 있지만, 아이의 마음속에는 '내가 느끼는 감정을 엄마아빠에게 공유할 필요가 없어'가 자리 잡게 됩니다. 이런 마음이 생기면 아이는 더 이상 부모님에게 자신의 불안과 두려움을 털어놓지 않으려고 해요. 문제는 아이가 표현하지 않는다고 해서 아이 마음에 불안과 두려움이 없는 것이 아니라는 점이에요. 아이가 감정을 꺼내주지 않기 때문에 공유할 수 없으며, 부모님과의 대화와 경험을 통해 불안과 두려움을 다루는 방법을 배울 수 있는 기회로부터 멀어지고 맙니다. 즉 우리가 아이의 불안과 두려움에 대해 반드시 '공감을 먼저' 해야 하는 이유는, 아이가 그러한 감정을 잘 다루는 방법을 배우도록 돕는 시작이 공감으로부터 오기 때문입니다.

## 그래서 어떻게
## 공감하면 좋을까요?

공감의 중요성은 알았지만 실제로 공감을 실천하려면 막막하기만 합니다. 흔히 사용하는 "그랬구나~ ○○가 그랬구나"라는 표현 방법이 잘못된 것은 아니지만 많은 부모님들이 매우 어색해합니다. 그러다 보니 부모교육을 받거나 육아서를 읽은 직후에는 배운 것을 적용해 보지만, 금방 잊어버립니다.

공감을 잘하기 위해서는 '무엇에 대하여' 공감하는지를 정확하게 이해하는 것이 가장 중요합니다. 결론부터 말하자면 공감은 '아이의 행동'에 대해서 하는 것이 아니라, '아이의 감정'을 수용해 주는 것입니다. 공감을 해주면 오히려 아이를 의존적으로 만들거나 약하게 만드는 것은 아닐까 걱정하는 분들이 있습니다. 반대로 아이의 행동이 분명히 잘못되었는데도 공감을 해줘야 하는 건지 혼란스러워하는 분들도 많습니다. 훈육과 공감 사이에서 갈팡질팡하는 것이지요. 하지만 이러한 고민은 '무엇에 대해 공감해야 하는지' 정확하게 이해하지 못해서 생긴 거예요. 제대로 된 공감은 훈육과 분명하게 구분되며, 아이를 나약하게 만들지 않습니다.

### 1. 지나치게 호들갑을 떨거나 과도하게 감정이입을 할 필요는 없어요

공감을 한다고 해서 아이의 감정에 대해 과도한 반응을 해야 하는 것은 아니에요. 오히려 아이의 특성에 따라서는 부모의 지나친 반응에 부담을 느끼기도 합니다. 예를 들어 아이가 "엄마, 나 새로운 친구 만나는 것이 너무 무서워"라고 이야기했는데, 부모가 과하게 "무서워서 어쩌니? 네가 무섭다고 하니 엄마도 너무너무 걱정되고 슬프네"라고 반응하는 경우가 있습니다. 특히 타인의 감정에 민감하고 영향을 많이 받는 아이들은 부모의 이러한 반응을 보며 '내가 엄마아빠를 힘들게 만들었어'라는 생각을 할 수도 있어요. 또한 요란스러운 반응을 싫어하는 초등학교 저학년 이상의 아이들은 부모의 과한 반응을 거북해하기도 하지요. 공감은 담백하고 차분하게 이야기하는 것으로 충분합니다.

## 2. "그렇게 느낄 수 있어" 아이의 감정에 대한 수용만 해주세요

공감은 결코 쉬운 것이 아닙니다. 오랜 경력의 상담전문가들도 늘 가장 어려운 게 '공감'이라고 말할 정도니까요. 우리가 부모로서 완벽한 공감을 해줄 수는 없지만, 공감의 핵심을 놓치지 않고 반응해줄 수는 있습니다. 이 핵심은 바로 '네가 느끼는 감정은 틀린 것이 아니야'라는 메시지를 전달하는 것이지요. 아이가 부모님에게 "엄마 나 무서워. 걱정돼"라고 말하면 자동적으로 나오는 반응이 있습니다. "뭐가 무섭다고 그래! 지난번에도 해봤잖아", "이거 하나도 안 무서운 거야", "저기 더 작은 아기도 하잖아~"와 같은 말로 아이를 진정시키고 도전해 보도록 설득하려 하지요. 하지만 이러한 말은 아이가 실제로 용기를 갖게 하는 데 전혀 도움이 되지 않을 뿐만 아니라, 오히려 아이로 하여금 '다른 친구들은 다 괜찮은데 나만 이렇게 무서운 거구나'라는 생각을 하게 합니다. 내가 이 상황에서 느낀 감정이 틀렸다고 느끼게 되는 것이지요. 이럴 때는 어떤 판단이나 설득의 말을 하기보다는 "그렇구나, 걱정이 될 수 있겠다", "맞아, 무섭다고 느낄 수 있어", "처음이라 불안할 수 있는 거야"라는 반응을 해줍니다. 이러한 반응은 이 말을 실행해야 하는 부모에게 고민과 부담을 덜어주기도 합니다. 우리가 아이에게 하는 "그렇게 느낄 수 있어"라는 말에는 "네가 느끼는 것처럼 이건 진짜 무섭고 두려운 거야"라는 의미는 포함되어 있지 않습니다. 사실과 관계 없이 "네가 느끼는 감정을 알고 있고, 그 감정이 틀린 것은 아니야"라는 메시지만 전달이 되지요. 입에 붙도록 자주 연습을 해보세요. 아이가 부정적인 감정을 표현할 때 어색함 없이 적절하게 반응할 수 있을 거예요.

### 3. 아이의 불안과 두려움을 비난하는 표현만 피해주세요

가끔 아이가 불안이나 두려움을 호소하면 짜증과 화가 솟구친다고 이야기하는 부모님들을 만납니다. 하루이틀도 아니고 매일 징징거리는 아이를 상대하다 보면 너무 지치고 공감해 주기 싫은 마음이 들 수 있지요. 특히 부모님이 불안이나 두려움이 별로 없는 성향이라면 도무지 아이의 마음이 이해되지 않을 수 있습니다. 진심으로 공감하기 어려울 때는 익혀두었던 공감의 말 몇 가지를 사용해 봅니다. 때로는 언어를 먼저 바꾸어 사용하다 보면 마음이나 생각이 언어 표현에 맞춰지기도 하니까요.

다만 지금 당장 공감이 어렵다면, 적어도 아이의 불안과 두려움을 비난하는 말을 줄여보세요. "너는 도대체 왜 매번 그러는 거니?", "다른 애들은 다 하는데 뭐가 그렇게 무섭다는 거야", "○○이 이렇게 계속 겁쟁이가 될 거야?"와 같은 반응을 실제로 많은 부모님들이 하고 있어요. 이러한 표현은 실제로 아이의 행동을 나아지게 하는 데 전혀 도움도 되지 않고, 부모와 아이의 관계만 나쁘게 만들어요. 그래서 다른 문제 상황이나 문제 행동이 연쇄적으로 일어나도록 만들지요. 아이에게 하는 반응 중에 나도 모르게 비난하는 말이 있다면 그것부터 줄여보시기를 권합니다.

### 4. 훈육을 해야 하는 상황과 겹친다면 감정은 수용, 행동은 제한하세요

공감이 중요하다고 해서 아이의 모든 행동을 받아줘야 하는 것은 아닙니다. 그러나 실제 상황에서 대다수의 부모님들이 이 부분을 혼란스러워하는 경우가 많습니다. 무엇을 훈육하고, 무엇을 수용해야 하는지 정확한 기준이 없기 때문이에요. 가끔 "훈육하는 상황에서 어떻게 공감을 하나요?"라는 질문을 받을 때가 있습니다. 많은 부모님들이 불가능할 거라 생각을 하는데요, 훈육과 수용의 정확한 기준이 있다면 가능합니다.

우리가 받아줘야 하는 것은 아이가 느낀 감정입니다. 하지만 그러한 감정을 느꼈다고 해서 어떤 행동이든 할 수 있는 건 아닙니다. 아이가 좀 더 나은 행동을 선택하도록 도와주는 게 훈육의 영역입니다.

예를 들어 여섯 살 아이가 놀고 있는데 이제 막 세 돌이 지난 동생이 와서 형이 가지고 노는 장난감을 가져가버렸습니다. 아이는 너무 화가 나서 동생을 밀어버렸지요. 동생은 머리를 쾅당하며 넘어졌고, 아이들의 울음소리로 난리가 났습니다. 우리는 첫째 아이의 무엇을 수용하고, 무엇을 훈육해야 할까요?

가지고 놀던 것을 뺏겨 속상한 마음은 훈육의 영역이 아닙니다. 이 부분은 '그렇게 느낄 수 있는 감정'이고 수용받을 수 있는 영역이에요. 부모님은 첫째에게 "동생이 갑자기 가져가버려서 너무 속상하고 화가 났지. 그럴 수 있어"라고 공감해 주어야 합니다. 이렇게 해야 아이도 자신이 한 행동의 '원인'이 어디에서 출발했는지 인지할 수 있어요. 하지만 아이가 속상하고 화가 났다고 해서 동생을 밀치는 행동을 받아줘야 할까요? 부모는 아이에게 다른 사람을 아프게 해서는 안 된다는 사실을 가르쳐줘야 하고, 아이는 동생을 밀치는 옳지 않은 행동이 아닌 다른 행동을 선택할 수 있다는 것을 배워야 합니다. 바로 이 부분이 훈육의 영역이지요. 부모님은 아이에게 "동생이 가져가서 정말 화가 났구나. 엄마가 너였어도 너무 화가 났을 것 같아. 하지만 화가 난다고 해서 동생을 밀어서는 안 돼! 그건 안 되는 행동이야"라고 구분하여 말해줍니다. 더불어 "내 거니까 돌려줘, 라고 말하거나 엄마에게 도움을 요청할 수 있어"라는 대안을 줄 수 있지요. 그리고 부모는 둘째 아이에게도 해줘야 할 것이 있습니다. 동생이 아무리 어리다 해도 첫째 아이가 제대로 다시 표현했을 때 돌려받는 경험을 하게 해주고, 우는 아이를 다른 곳으로 데려가 달래야 합니다. 이렇게 해야 두 아이 모두 옳은 행동을 배울 수 있습니다.

아이의 불안과 두려움에 대한 부분도 동일합니다. 아이는 두렵고 걱정된다고 말할 수 있습니다. 이때 부모는 아이의 감정을 편안하게 인정해 줄 수 있습니다. 하지만 아이가 그런 감정을 이유로 울면서 장난감을 던지거나 공공장소에서 지나치게 떼를 쓴다면, 그 행동에 대해서는 분명하게 제한해야 합니다.

### 5. 부모의 경험이나 감정을 공유해 주세요

아이를 키우다 보면 아이의 경험에서 과거의 내 모습이 겹쳐질 때가 있습니다. 그럴 때 부모의 경험이나 감정을 아이에게 공유하는 것도 좋은 공감 방법입니다. 자연스럽게 아이의 경험에 대해 생각나는 것이 있다면 전달해 주세요. 예를 들어, "엄마도 어릴 때 새로 반이 바뀔 때마다 걱정이 돼서 잠도 잘 안 오고 가슴이 두근거렸어", "아빠도 밤에 자려고 누우면 괜히 엄마아빠가 죽으면 어쩌지? 이런 걱정이 들기도 했어. 그런 걱정이 들 수 있는 거야"라고 이야기해 주는 것이지요. 아이는 내가 느끼는 불안과 두려움이 나만 느끼는 것이 아니라 다른 사람도 느꼈다는 것에서 안정감을 얻을 수 있습니다. 특히 나와 가장 가까이 있는 커다란 어른인 엄마아빠가 나와 비슷한 경험을 했다는 것은 더욱 특별한 격려로 다가옵니다.

다만 아이에게 부모의 경험이나 감정을 공유할 때는 주의할 점이 두 가지 있습니다.

하나는 너무 많이 사용해서는 안 된다는 거예요. 특히 억지로 만들어내거나 거짓말을 하면서까지 경험을 공유해 주는 것은 권하지 않아요. 아이에게 필요한 순간에 적절하게 사용하는 것이 좋습니다.

다른 하나는 동일한 경험과 감정을 공유하는 것에서 멈추어야지, 가르침과 잔소리로 길게 이어가서는 안 돼요. "그런데 그럴 때 엄마아빠는 이렇게 했고, 그래서 너도 이렇게 해 볼 수 있고…" 이런 대화가 이어지면, 경험을 공유함으로써 아이의 감정을 지지해 주려던 목적이 사라져버릴 수 있답니다.

# 아이의 속도를
# 기다려주세요

도대체 언제까지,

얼마나 기다려주어야 하나요?

불안과 두려움이 많은 아이는 보통 행동이 느립니다. 새로운 자극이나 환경을 마주하면 호기심을 가지고 적극적으로 달려들기보다는 부모 옆에 바짝 붙어 상황을 살피거나 싫다고 거부하며 눈물부터 보이는 경우가 많습니다. 억지로 시켜도 소용없고 아이에게 안 좋다는 걸 알기에, 많은 부모님들이 '그래, 기다려줘야지'라고 생각합니다. 부모교육이나 육아서에서도 전문가들이 입을 모아 '기다리는 것이 중요하다'

고 이야기하지요. 하지만 실제로 이러한 특성을 지닌 아이를 키우는 부모에게 기다림은 정말 애가 타고 답답하며 불안한 시간입니다. '도대체 언제까지 계속 이러는 걸까', '기다리면 정말 나아지기는 하는 걸까'라는 생각이 들지요. 비싼 돈을 내고 체험활동이나 키즈카페에 가서도 아이가 부모 옷자락만 잡고 있으면 속이 터집니다. 주변 사람들이 한마디씩 던지는 말도 제법 신경이 쓰입니다. '부모가 너무 싸고 도는 것은 아니냐', '아이가 너무 의존적이다' 이런 말을 들을 때면 너무 속상하죠.

특히 상담을 하다 보면 남자아이를 키우는 부모님들은 이 부분에서 좀 더 부담을 느끼는 것을 볼 수 있습니다. 아무래도 조부모님 세대나 사회적 통념에서 여전히 '남자아이는…' 이라는 부분이 있다 보니, 똑같이 불안과 두려움이 많은 기질 특성을 가진 아이여도 남자아이의 경우에는 충분히 기다려주기 어려운 야박한 상황이기도 합니다.

부모님들께 "혹시 아이를 왜 기다려줘야 하는지, 무엇을 기다려줘야 하는지 알고 계시나요?"라고 질문하면 대다수가 대답을 잘 못합니다.

여러분은 기다림이 필요한 아이를 키워오면서, 이 질문에 대해 생각해 보신 적이 있나요?

## 아이가 스스로 파악하고
## 적응하는 시간이 필요합니다

　아이를 기다려주는 이유는 그저 아이에게 좋은 부모가 되기 위해서이거나 아이를 편안하게 해주기 위해서가 아닙니다. 우리가 아이를 기다려주는 이유는 바로 '시간'을 주기 위해서입니다. 아이가 새로운 자극이나 환경을 파악하고 익숙함을 느껴 자신의 것으로 받아들일 수 있을 때까지의 시간을 주는 것이지요. 어떤 아이는 이런 시간이 거의 필요없거나 아주 약간의 시간만으로도 충분합니다. 오히려 새로운 자극은 아이를 더욱 흥분되게 만들고 행동하게 하지요. 하지만 불안과 두려움이 많은 아이는 자신이 마주한 자극과 환경에 대해 '배우는 시간'이 필요합니 다.

　예를 들어, 아이들이 새로운 어린이집에 적응하는 데 필요한 시간은 아이마다 다릅니다. 대부분의 아이가 낯선 상황에서 울거나 거부하는 모습을 보이고, 특히 아이가 어릴수록 주 양육자인 부모와의 분리를 어려워합니다. 하지만 1~2주 정도 지나면 어느 정도 안정되어 가는 모습을 보여주지요. 그런데 불안과 두려움이 많은 아이는 한 달이 지나도 등원을 어려워하고 거부하는 강도가 강해지기도 합니다. 그럼에도 불구하고 아이의 적응을 기다리며 같은 경험을 매일 반복하다 보면 아이도 어린이집 생활 안에서의 규칙을 발견하고 새로운 상황을 파악하기 시작하며 점점 익숙해지면서 안정을 찾게 됩니다. 아이가 불안과 두려움이 클수록 변화를 최소화하면서 규칙적으로 등·하원을 시키는 것이 아이의 빠른 적응을 돕는 방법일 수 있어요.

## 적응하고 해낸 경험은
## 온전히 아이의 것이어야 합니다

◦

불안과 두려움이 많은 아이를 기다려주어야 하는 또 다른 이유는, 아이가 스스로 적응하고 해낸 경험을 주기 위해서입니다. 이런 경험은 아이에게 좋은 자원이 됩니다. 아이를 기다려주는 것은 우리가 우아한 부모가 되려고 하는 행동도, 아이가 아무것도 하지 않아도 된다는 포기의 의미도 아니에요. 우리가 아이에게 억지로 해보도록 등 떠밀거나 새로운 자극 한복판에 아이를 넣어버린다고 생각해 볼까요? 아이는 가까스로 해낼 수도 있습니다. 하지만 아이가 스스로 해보겠다고 결심하고 시작하지 않은 행동은 아이의 것으로 남지 않습니다. 부모를 위해 했거나, 어쩌다 보니 해본 경험 정도로 남게 되지요.

흔한 예지만 새가 알을 깨고 나올 때 아무리 버거워 보여도 억지로 깨는 것을 도와주어서는 안 된다는 이야기가 있습니다. 아기새가 스스로 알을 깨고 나오는 과정을 겪어야만 알을 깨기 위한 힘이 생길 수 있습니다. 그래야 새는 날 수 있고, 살아남을 수 있는 존재가 되거든요.

부모가 불안과 두려움이 많은 아이를 억지 성공 경험으로 이끌 수는 있습니다. 하지만 그 경험은 그 이상의 의미가 없습니다. 결국 아이에게 시간을 주어야 하는 이유는, 아이가 스스로 '내가 해냈다'라는 경험을 켜켜이 쌓아 올리도록 기회를 주기 위해서입니다.


## 어떻게
## 기다려야 할까요?

◦

불안과 두려움이 많은 아이에게는 기다려주는 시간이 필요합니다. 앞서 두 가지 이유를 통해 설명했듯 기다린다는 것은 아이가 아무것도 하지 않아도 괜찮다고 포기하는 것이 아닙니다. 오히려 아이가 스스로 성장하도록 돕는, 더욱 적극적인 방법에 가깝지요. 하지만 아무리 기다려줘야 한다는 걸 알아도 실제로 이를 실천하는 것은 쉽지 않습니다. 아이를 기다릴 수 없게 만드는 수많은 초조함과 외부로부터 오는 불안함이 우리 마음에 찾아오기 때문이지요. 그래서 아이를 기다리는 시간 동안 부모가 할 수 있는 무언가가 필요합니다. 아이의 능동적이고 적극적인 성장을 도와줄 수 있는 '기다림의 방법'이 있어야 합니다. 어떻게 하면 좋을까요?

### 1. 부모만이 발견할 수 있는 아이의 성장을 관찰하세요

아이가 스스로 성장하는 것을 잘 기다리기 위해서는 부모의 시선이 외부가 아닌 내 아이에게로 옮겨져야 합니다. 아이를 키우다 보면 자연스럽게 또래 아이와 내 아이를 비교하게 됩니다. '저 아이는 저렇게 씩씩하게 잘하는데, 우리 아이는 왜 이럴까?', '다른 아이들은 큰 대회도 잘 나간다는데 우리 아이는 왜 이렇게 부끄러움이 많은 걸까?'라는 생각을 하게 되지요. 그러다 보면 아이를 대하는 마음이 초조해지고 자꾸 아이를 재촉하게 됩니다. 그럴수록 아이는 더욱 숨으려 할 테고요. '아이를 잘 기다려주라'는 의미는 내 아이의 성장 속도를 지켜봐주고 그 안에서의 변화를 발견하라는 뜻입니다. 물론 우리는 부모이기에, 아이가 빨리 나아지기를 기대하는 마음이 생길 수 있어요. 하지만 우리가 기억해야 할 것은, 우리 아이와는 정반대의 특성을 가진 부모 또한 아이의 어떠한 행동이 조금 더 나아지기를 고민하고 기다리는 중이라는 거예요. 예를 들어 호기심과 에너지가 많은 아이를 키우는 부모는 어떻게 하면 아이가 좀 더 차분해지고 규칙을 잘 지키게 할 수 있을지를 걱정합니다. 아이의 특성에 따라 고민의 차이는 있지만, 공통점이 있다면 부모는 모두 아이를 기다려야 한다는 것이지요.

내 아이의 작은 성장과 변화를 알아차릴 수 있는 사람은 오로지 부모뿐입니다. 다른 아이들과 비교하면 부족할 수 있지만, 가장 중요한 지표는 작년보다, 지난달보다 아이가 얼마나 조금씩 나아지고 있는지입니다. 저 역시 아이가 유치원을 다니던 시절, 발표회가 다가올 때마다 걱정스러웠습니다. 여섯 살 가을에는 무대에 올라 꼼짝도 못하고 덜덜 떨다가 울음을 터트리고 그대로 내려왔거든요. 일곱 살 발표회 때도 아이는 다른 아이들만큼 잘 해내지는 못했습니다. 시어머니도 저에게 "너 너무 속상하겠다. 어쩌면 좋니"라고 말씀하셨지만, 저는 그날 참 기뻤습니다. 아이는 무대에서 눈물을 참기 위해 노력하고, 씩씩하게 잘 해낸 것은 아니지만 적어도 포기하지 않고 버티는 모습을 보여주었거든요. 다른 사람은 몰라도 부모인 저는 발견할 수 있는 아이의 성장이었습니다. '아이가 자라고 있구나'라는 감격을 느꼈어요. 만약 그날, 다른 아이들과 비교하는 마음으로 아이를 바라보았다면 아이의 성장을 알아차리지 못했을 거예요.

## 2. 내 아이에게 맞는 단계, 아이에게 잘 맞는 자극을 찾아서 시작하세요

아이를 잘 기다리기 위해서는 '다른 아이들이 하는 활동을 우리 아이도 해야 한다'라는 기준에서 벗어나야 합니다. 또래 아이들이 연령에 따라 자연스럽게 하는 활동들이 있습니다. 예를 들어 부모와 분리되어 미술 활동을 하거나, 태권도를 다니기 시작하거나, 수영이나 스키 등을 배우는 활동이지요. 특히 활동적이고 호기심이 많은 아이들은 새로운 활동에 대한 거부감이 별로 없고, 굉장히 즐겨 해서 부모님들이 다양한 것을 해보도록 권하는 경우가 많아요. 그런데 우리 아이들은 어떤가요? 무언가 새로운 것을 시도하려면 많은 설득과 기다림이 필요하지요. 아이의 걱정과 두려움을 감내해야 하고요. 그렇다고 '그래 아무것도 하지 마!'라고 하기에는 영 찝찝합니다. 다른 아이들에 비해 우리 아이만 모든 경험에서 뒤처지는 것 같은 두려움이 생기기 때문이에요.

무엇이든 쉽게 시작할 수 없는 점이 우리 아이가 가진 특성이라는 사실을 인지해야 합니다. 무언가를 권한다고 해서 바로 "좋아!"라고 하는 아이들이 아니라, 눈으로 관찰하고 지켜보고 생각한 끝에 해보기로 결정하는 아이들이라는 것을 인정해야 해요. 그러고 나서 아이들이 하는 활동 중에 우리 아이에게 좀 더 적합한 것을 권해보세요. 예를 들어 아이에게 운동 활동이 필요하지만, 그렇다고 해서 꼭 다른 아이들이 하는 것과 똑같은 것을 시도할 필요는 없어요. 불안이나 두려움이 많은 아이들은 보통 축구나 아이스하키, 태권도 같은 운동은 더욱 강하게 거부해요. 단체운동, 약간 거칠어 보이는 활동, 호기심이 많고 에너지가 강한 아이들이 보편적으로 선택하는 활동은 우리 아이들에게 부담이 되기 때문이지요. 이런 경우, 부모와의 산책이나 달리기부터 시작하거나 1:1 운동 등을 권해볼 수 있어요. 저희 아이의 경우에도 달리기와 자전거 타기로 시작해서, 검도에 도전하는 과정을 거쳤어요. 태권도에 비해 신체가 보호되고, 규칙이 엄격한 검도를 아이가 선호했거든요. 모든 아이가 똑같은 활동을 좋아할 수 없어요. 내 아이의 성향과 단계를 고려하여 다른 방향으로 눈을 돌려보는 것이 좋습니다. 비교하지 말고, 내 아이를 위한 로드맵을 따로 찾아보세요.

### 3. 비슷한 아이를 키우는 부모들과 경험을 나누세요

'불안과 두려움이 많은 아이를 키우는 부모'를 위한 온라인 클래스를 진행하면서 생각보다 비슷한 고민을 가지고 있는 부모님들이 많다는 걸 느꼈어요. 밖에서는 아이의 특성에 대해 고민되는 부분을 이야기하기 어렵지만, 비슷한 아이를 키우는 부모님들의 모임에서는 솔직하게 털어놓고 서로의 경험을 나누는 모습을 자주 볼 수 있었습니다. 우리의 고민을 쉽게 공유할 수 없는 이유는 '우리 아이만 이런 것 같아'라는 막연한 생각이나 '아이가 소심한 것이 혹시 나의 잘못된 양육 태도 때문은 아닐까?'라는 걱정 때문인 경우가 많아요. 나만 유난스러운 아이를 키운다고 생각하면 아이를 기다려주기가 어렵습니다. 비슷한 특성을 가진 아이를 키우는 사람들과 고민을 나누고 경험을 공유해야 아이에게 필요한 반응을 꾸준히 해줄 수 있어요.

아이는 하루아침에 변하지 않습니다. 공감과 기다림이라는 기초 위에 아이가 불안과 두려움을 스스로 이겨내도록 돕는 자원을 쌓아 올려줘야 합니다. 그 과정을 함께 겪고 있는, 먼저 경험한 부모님들과 함께하는 기회를 가지세요. 그래야 부모 스스로 죄책감이나 초조함을 극복하고, 아이를 있는 그대로 바라볼 수 있습니다.

# 아이의 불안과
# 두려움을 다루는 방법 2

- 성장을 위한
전략 세우기

요즘 많이 사용하는 단어 중에 '빌드업build-up이라는 말이 있습니다. 원래는 축구와 관련되어 쓰던 용어인데, 요즘은 굉장히 폭넓은 의미로 유행처럼 사용되고 있지요. 간단히 설명하자면 최종 결과를 위해 단계를 쌓아가는 과정을 의미합니다. 불안과 두려움은 갑자기 없어지는 것이 아닙니다. 아이가 자신의 불안과 두려움을 잘 다룰 수 있는 마음의 자원을 충분히 쌓도록 도와주는 것이 최선이지요. 그리고 아이가 자신의 불안과 두려움을 조절할 수 있는 힘이 있다면, 이러한 특성은 아이에게 단점만 되는 것이 아니라 강점으로 작용할 수 있습니다. 그래서 부모로서 우리가 해야 하는 최선의 행동은 아이가 스스로 조절하는 힘을 갖도록 함께 자원을 쌓아 올려주는 것입니다. 우리는 앞서 기본 단계에서 공감하기와 기다리기의 중요성에 대해 이야기를 나누었어요. 이제 두 가지 기본에 더하여 아이의 불안과 두려움을 다루는 구체적인 방법들에 대해 이야기를 나누어보려고 해요. 순서대로 하거나 동시에 적용하면 좋지만, 그렇게 하기 어려울 때는 아이에게 가장 필요하다고 생각하는 것부터 차근차근 적용해 보세요.

# 아이가 자신의 불안과 두려움을
# 제대로 표현하게 해주세요

## 왜 불안과 두려움은
## 표현하기 어려울까요?

여러분은 어떠신가요? 불안이나 두려움을 느낄 때 이러한 감정을 잘 알아차리고 표현하는 편인가요? "그렇다"라고 대답하기가 쉽지 않아요. 어른인 우리에게도 불안이나 두려움은 참 부담스러운 감정입니다. 우리가 불안이나 두려움 같은 감정과 친하지 않은 이유에는 여러 가지가 있어요. 이러한 종류의 감정은 부정적인 감정이어서 너무 많이 느끼거나 표현해서는 안된다는 생각을 하기 때문이에요. 즉 부정적인 감정에 대한 부정적인 느낌을 이미 가지고 있는 것이지요. 그러다 보니, 불안이나 두려움을 느낄 때 이 감정을 잘 인지하는 방법을 배울 기회가 거의 없습니다. 특히 우리 부모님들이 우리를 키우던 때는 '감정을 읽어주고, 공감하는 것'에 대한 중요성을 잘 모르고 아이를 양육하던 시절이었죠. 그래서 "그만 울어", "겁쟁이처럼 뭐가 무섭다고 그래"라는 이야기를 더 많이 듣고 자랐어요. 그러다 보니 부모인 우리조차도 불안이나 두려움의 신호를 알아차리거나 어떻게 표현해야 하는지 잘 몰라요. 그러니 아이가 이러한 종류의 감정을 내비칠 때, 우리는 어떻게 반응해야 할지 몰라 당황스럽고, 부모교육이나 육아서에서 배운 대로 적용하려고 해도 어색하게 느껴지지요. 부정적인 감정에 대해 우리가 가진 어색하고 불편한 느낌은, 아이의 감정을 다루는 태도에 은연 중 영향을 미칩니다. 또한 아이는 불안이나 두려움과 같은 감정을 표현하는 것 자체가 발달적으로 미숙합니다. 눈에 보이지 않는 감정을 신체 변화로 미리 감지하고 적극적으로 표현하기란 쉽지 않습니다. 아무리 언어 발달이 빠른 아이라 해도, 추상적인 '감정'과 이면에 있는 '욕구'를 깨닫고 표현하는 건 어려워요. 그래서 아이는 무작정 울면서 거부하거나 떼를 쓰고, 부모를 난감하게 만드는 행동을 하는 방식으로 표현할 수밖에 없습니다. 내가 어떠한 상태인지, 무엇을 요구해야 하는지도 모르는 혼란스러운 내적 상황을 조절 없이 그대로 보여줄 수밖에 없는 것이지요.

그렇기에 우리는 아이에게 감정에 대해 가르쳐야 합니다. 시간을 들여서 계속 알려주고 잘 표현하도록 지지해 주어야 해요. 특히 불안과 두려움은 아이가 평생 살면서 자주 느끼게 되는 감정이기에, 이러한 감정에 압도되지 않고 제대로 인지하고 표현하는 방법을 배워야 합니다.

## 아이가 자신의 감정에
## 이름을 붙일 수 있게 해주세요

◦

'아이에게 불안과 두려움에 대해 가르치면, 오히려 그 감정을 더욱 심하게 느끼고 압도되지 않을까?'라는 고민이 들 수 있습니다. 하지만 감정은 모호하고 형태가 없을 때 더욱 증폭되고 혼란스러워집니다. 감정은 우리가 생각하는 것처럼 하나의 단순한 덩어리가 아닙니다. 여러 가지 세세한 감정들이 엉켜 있는데, 우리는 이러한 감정을 통째로 뭉뚱그려 지각하거나 일부만을 알아챌 뿐이에요. 최대한 감정을 세세하게 인지하고 표현할수록 이러한 감정을 잘 다룰 수 있는 수 있는 가능성도 높아집니다.

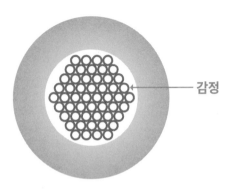

수많은 감정을 하나하나 알아차리는 대신 일부만 알아차리거나 하나의 덩어리로 지각하곤 합니다.

스탠퍼드대학의 심리학자 키르칸스키Katharina Kircanski는 두려운 감정을 효과적으로 다루는 방법에 대한 실험을 했습니다. 거미과에 속하는 타란튤라를 사람들에게 노출했을 때 대처하는 방법을 그룹 네 개로 나누어 비교해 보았지요. 첫 번째 그룹에서는 TV를 보거나 다른 것 생각하기 등의 방법으로 최대한 주의전환을 지시했고, 두 번째 그룹에는 '이 거미는 하나도 위험하지 않다'라고 되뇌며 생각을 바꾸도록 제안했습니다. 세 번째 그룹에는 더 많은 타란튤라를 풀어 자극에 과다노출이 되도록 했고, 마지막 네 번째 그룹에는 타란튤라를 보며 느끼는 감정을 최대한 구체적으로 표현하도록 했습니다.

어떤 그룹에서 가장 큰 조절 효과가 나타났을까요? 두려운 자극 앞에서 자신이 느끼는 감정을 세세하게 표현하도록 했던 네 번째 그룹에서 두려움의 감정이 가장 빠르게 조절되었으며, 다시 같은 자극에 노출되었을 때도 가장 빠르게 진정되었습니다.

이러한 실험이 우리에게 알려주는 것은 무엇일까요? 감정은 구체적으로 표현할 때, 더욱 잘 조절될 수 있다는 사실입니다. 이것을 우리 아이들에게도 적용할 수 있습니다. 물론 감정을 표현하도록 돕는 일은 부모에게도 어색한 일이기에 쉽게 시작하기가 어려울 수 있어요.

그래서 가장 먼저 시도할 수 있는 것은 '쉬운 감정'부터 표현해 보는 거예요. 불안이나 두려움 그리고 분노와 같은 감정은 표현하기 부담스럽지만, 우리가 보통 긍정적이라고 인식하는 즐거움, 행복, 설렘과 같은 감정은 비교적 접근하기가 편안합니다. 많은 부모님들이 아이에게 감정을 가르칠 때 부정적인 감정을 조절하는 것부터 시작하는 경우가 있는데, 부모와 아이 모두에게 쉽지 않습니다. 아이의 부정적인 감정을 너무 받아주는 것 같은 내적 갈등이 생겨 꾸준히 지속하기도 어렵고요. "엄마아빠가 ○○랑 있으니까 참 즐겁다", "○○가 설레어 보이네? 두근두근~" "○○가 꺄르르 웃는 걸 보니 엄청 행복한가 봐"와 같은 대화는 부모가 감정에 대한 첫 대화로 선택하기 부담스럽지 않습니다.

이러한 표현이 입에 붙고 나면, 그다음으로는 다양한 감정에 대해 아이와 함께 배워가세요. 감정을 언어로 표현하려면 도구가 필요합니다. 바로 감정을 표현하는 다양한 '단어'이지요. 그런데 우리는 생각보다 다양한 감정 단어를 사용하지 않아요. '분노'라는 감정 하나에도 화남, 억울함, 괘씸함, 실망스러움과 같은 다양한 단어가 연결되지만, 실제로 이러한 감정의 차이를 잘 인지하고 사용하는 경우는 많지 않아요. 부모가 먼저 감정 단어와 친해져야 합니다. 인터넷에 검색하거나 감정 사전 등의 책을 활용해서 아이가 주로 느끼는 불안이나 두려움을 표현하는 다양한 단어를 살펴보세요. 감정 단어를 다양하게 인지하는 것만으로도 아이가 보여주는 감정이 더 다채롭게 느껴질 수 있어요.(109쪽 표 참고)

마지막으로는 이렇게 느껴지는 감정을 아이에게 많이 들려주고, 가능하다면 아이가 표현하도록 격려해 주세요. 결국 최종 목표는 아이가 자신의 입으로 감정 단어를 사용해서 불안이나 두려움을 표현할 수 있게 하는 거예요.

## 아이와 함께 사용할 수 있는 불안/ 두려움 감정 표현 25가지

초조한 / 긴장되는 / 불안한 / 어색한 / 조급한 / 조마조마한 / 쑥쓰러운 / 망설이는 / 떨리는 / 조심스러운 / 걱정하는 / 낯선 / 겁나는 / 두려운 / 막막한 / 무서운 / 부담스러운 / 위축되는 / 혼란스러운 / 난감한 / 심란한 / 두근거리는 / 마음 졸이는 / 피하고 싶은 / 압도되는

* 불안과 두려움을 표현하는 다양한 단어가 있습니다. 부모님이 자신의 감정을 표현하거나 아이의 감정에 대해 반응해 줄 때 여러 가지 표현을 사용해 보세요!

하지만 이러한 표현을 꼭 정해진 단어로만 나타내야 하는 것은 아닙니다. 쿵쿵이, 두근이처럼 아이가 나름대로 이름을 붙이거나 색깔이나 모양을 통해서 감정을 표현해도 좋습니다. 이 과정에서 가장 중요한 것은 부모가 감정에 친숙해지는 과정을 반드시 먼저 거쳐야 한다는 점입니다. 아이가 아무리 감정을 잘 표현해도 부모가 감정을 소화하지 못한 상태라면, 아이에 대한 반응이 부자연스럽거나 알게 모르게 염려하는 마음을 내비칠 수 있기 때문이에요. 아이가 용기 내어 "나는 ○○을 하는 것이 두려워", " 나는 이게 무서워", "엄마가 잘못될까 봐 불안해"라고 이야기했을 때 당황하지 않아야, 아이

는 감정을 표현하는 것이 안전하다고 느끼며 이러한 시도를 반복할 수 있게 됩니다. 이런 행동이 불안과 두려움을 조절하는 건강한 사이클이 되는 것이지요.

## 구체적으로
## 표현할 수 있게 해주세요

아이와 불안, 두려움에 대한 대화에 익숙해졌다면, 그다음은 좀 더 구체적으로 생각을 표현하도록 도와야 합니다. 우리 아이들은 자신이 왜 걱정하고 두려워하는지, 무엇을 무서워하는지 이유나 이면의 생각을 인지하지 못하는 경우가 많습니다. 막연하게 느껴지는 감정을 부모에게 표현할 뿐이지요. 그래서 '어떤 생각이 들어' 걱정이 되거나 두려운지 표현하도록 도와줘야 합니다. 예를 들어, 아이가 "엄마아빠 무서워요"라고 이야기한다면, "어떤 생각이 들어서 무서운 마음이 드는 걸까?", "○○가 가장 걱정하는 게 뭘까?"라고 질문하며 대화를 유도하는 것이지요. 물론 아주 어린 연령에서는 이렇게 대화를 이어나가는 것이 어려울 수 있어요. 하지만 부모가 단순히 '무섭구나'라고 반응하고 넘어가지 않고, 원인과 생각을 계속 물어봐주면 아이도 자신의 생각을 자각하는 속도가 빨라집니다.

아이가 구체적인 표현을 해야 하는 이유는 그래야 아이가 느끼는 불안이나 두려움의 공통점을 찾을 수 있기 때문입니다. 또한 아이가 가진 생각에 맞는 설명이나 공감을 해주어야 궁극적으로 이러한 감정을 해결해 나갈 수 있습니다. 단순히 아이가 "무서워요"라고 말하면 부모가 어떠한 반응을 해야 할지 모호하지만, 아이가 "엄마아빠가 사고가 날까 봐 무서워요"라고 표현해 준다면, 아이의 감정을 만들어내는 생각을 바꿀 힌트를 찾을 수 있습니다. 처음부터 자연스럽게 표현하기란 쉽지 않지만, 부모와 감정을 파고드는 대화를 많이 하면 아이는 점차 빠르게 감정을 알아차리고 표현해 나갈 수 있을 거예요.

아이가 불안과 두려움을
인식하고 표현하도록 돕는
# 부모의 말

1 ▸ **긍정적인 감정부터 시작하기**

— "○○가 무척 즐거워 보이네."

— "○○가 즐거워서 엄마아빠도 행복해."

2 ▸ **아이가 감정을 표현하도록 돕기**

— "○○가 느끼는 마음이 '무서움'일까?"

— "○○가 어린이집 갈 때마다 느끼는 마음에 이름을 지어주는
건 어때?"

3 ▸ **아이가 감정의 원인을 깨닫도록 돕기**

— "무슨 생각이 들어서 무서운 마음이 들었을까?"

— "엄마아빠가 어떻게 될까 봐 걱정이 되는 거야?"

# 새로운 경험은 가능한
# 천천히, 조금씩 확장해 주세요

아이가 느끼는 불안과 두려움에 공감해 주고 기다려주어야 하는 것을 잘 알지만, 이 방법만으로는 충분하지 않습니다. 아이는 성장하면서 계속 새로운 자극과 환경을 마주할 수밖에 없고, 적응하는 방법을 배우는 것 또한 매우 중요하기 때문이에요. 하지만 아이에게 어느 정도의 새로운 경험을 주어야 하는지는 여전히 고민입니다. 걱정하고 불안해하는 아이에게 억지로 권해도 괜찮은 건지, 최대한 불안함을 많이 느끼지 않도록 피하게 도와줘야 하는지 부모님들은 갈등하게 되지요. 결론부터 이야기하자면 아이에게는 공감과 기다림이 필요하지만, 새로운 경험으로 확장해 주는 시도는 계속되

**어야 합니다.** 왜냐하면 아이가 자신의 불안과 두려움을 조절하고 새로운 것을 도전하며 적응하는 힘을 갖도록 하는 것이 우리의 목표니까요. 다만, 아이에게 새로운 자극과 환경을 제공하고 경험을 확장해 줄 때는 다음의 몇 가지 원칙을 지키는 것이 좋습니다.

## 너무 많은 환경 변화는
## 아이를 더욱 두렵게 만들어요

너무 많은 자극이나 환경 변화를 한꺼번에 주는 것은 피해야 합니다. 불안과 두려움을 많이 느끼는 아이는 그만큼 불안과 두려움을 담을 수 있는 마음의 주머니도 작은 상태라고 볼수 있어요. 주머니를 조금씩 늘리지 않고 갑자기 많은 내용물을 넣으면 그 주머니는 결국 터져버리고 맙니다. 그렇기에 부모는 아이가 빨리 용감해졌으면, 이런 것도 해봤으면 하는 조급한 마음을 잘 다스려야 합니다. 부모 욕심 때문에 아이를 급히 떠밀어버리면 아이는 충분한 준비 없이 자극에 노출되고, 그럴수록 아이는 더욱 뒤로 물러서게 되고, 다시 도전하기까지 더 많은 시간이 걸릴 수 있습니다. 또한 불안과 두려움의 양이 지나치게 많으면, 이러한 혼란스러움을 감당하지 못해 다양한 문제 행동을 보이거나 부모님께 더욱 매달리고 집착하는 행동을 보이기도 하고요. 따라서 새로운 자극의 양을 조절해야 합니다. 아이가 새로운 어린이집이나 유치원을 가게 되거나, 초등학교에 입학하게 되었다면 어느 정도 적응이 될 때까지 일상에서의 다른 변화는 최소화하고 최대한 일상이 규칙에 의해 정돈된 상태로 운영되는 전략이 필요합니다. 한 번에 한 가지 도전을 소화하는 것도 아이에게는 꽤 버거운 일이기 때문이지요. 아이가 기관에 적응하면서 동시에 새로운 학원에도 가고, 낯선 선생님과 함께하는 분리 수업을 듣거나 두려워하던 수영 수업도 들어야 하는 등 많은 일을 동시에 진행하면 모든 영역에서의 적응이 전반적으로 느려지게 될 뿐만 아니라 강하게 거부할 가능성도 높아집니다. 저 또한 아이가 새 학년을 맞이할 때는 다른 변화를 최소화하려 노력합니다. 필요하다면 학원도 1~2주 쉬게 하기도 해요. 아이가 적응을 하고 자신이 찾은 패턴 안에서 여유 있게 움직이게 되었을 때, 다른 새로운 도전을 제시하는 것이 부모와 아이 모두에게 훨씬 수월하다는 것을 경험했기 때문이지요.

## 빈번한 환경 변화는
## 아이의 배움을 더디게 해요

새로운 자극과 환경을 너무 빈번하게 주는 것을 최소화해야 합니다. 불안과 두려움이 많은 아이에게 중요한 것은 '적응하고 해낸 경험'입니다. 낯선 자극과 환경에 대한 불안한 마음을 이겨내고 적응한 나 자신을 충분히 느끼고, 안전함과 편안함을 찾는 시간이 필요하지요. 그런데 너무 빠르게, 잦은 변화가 오면 아이의 마음은 계속 불안합니다. 더욱 자주, 더욱 오래, 더욱 빠르게 불안과 두려움을 느끼는 아이가 되는 것이지요. 물론 부모가 언제나 이 부분을 완벽하게 계획하고 통제할 수는 없습니다. 아이를 키우는 상황에 따라 불가피하게 이사를 가거나, 전학을 가거나, 잘 다니던 기관을 옮겨야 하는 일이 발생할 수 있지요. 아이에게 변화를 주면 안 된다는 것이 아니라, 변화가 너무 빈번하게 발생하지 않도록 주의해야한다는 의미입니다.

제가 상담했던 부모님 중에 아이가 잘 다니고 있는 유치원을 무리해서 옮겼던 분이 있었어요. 아이가 힘들게 적응해서 잘 다니기 시작했는데, 원래 원했던 유치원에 자리가 생기면서 이동을 시킨 것이지요. 그때부터 아이의 등원 거부가 시작되었습니다. 아이 입장에서 보면 너무 당연한 일입니다. 애쓰며 이제 막 유치원에 적응했는데, 준비되지 않은 갑작스러운 적응을 다시 처음부터 하게 된 것이니까요. 온몸으로 거부할 만한 상황이지요. 또 다른 초등학교 아이의 부모님은 아이학원을 옮기는 문제로 저와 상담을 한 적이 있습니다. 아이가 학원에 적응을 잘 못하고 성적도 오르지 않는 것 같아서 몇 번 학원을 추천받아 옮겼는데, 아이가 매번 힘들어한다는 것이었어요.

두 사례에서 연령도 상황도 다르지만 아이 행동의 원인은 비슷합니다. 바로 아이에게 준비되지 않은 잦은 변화를 주었다는 것이죠. 불안과 두려움이 높은 아이들은 새로운 상황에서 실력을 제대로 발휘하지 못하거나 잘 배우지 못합니다. 이런 아이들은 적응을 하고 심리적인 안정감을 찾으면 보통 아이들보다 더욱 빠르게 습득하지요. 그런데 새로운 환경으로 아이를 갑자기 옮겨버리면, 아이는 계속 적응하는 데에만 에너지를 쓰게 됩니다. 스스로 '잘 적응하고 배우고 있다'라는 성취감을 느끼지 못한 채, 새로운 상황을 파악하고 적응하는 데 급급하게 되지요. 부모가 보기에 더 나은 선택이 있다 하더라도, 아이가 현재 환경에서 잘 적응하고 배우기 시작했다면 환경을 바꾸는 것에 대해 신중하게 고민해야 합니다.

불안이 많은 아이는 심리적으로 적응이 되어야 배움에 가속도가 붙기 시작합니다. 이런 이유로 첫 성취까지 시간이 조금 더 걸리는 것처럼 보일 수 있어요. 따라서 특별한 상황이나 이유가 있는 것이 아니라면, 부모가 기대하는 것보다 아이의 결과가 더디게 보이더라도 조금 더 기다려주거나 신중하게 생각하여 결정할 필요가 있습니다.

## 예측 가능성을 높여
## 아이의 경험을 확장해 주세요

좀 더 적극적인 방법을 통해 아이의 새로운 경험을 지지해 줍니다. 바로 새로운 자극과 환경에 대한 아이의 예측 가능성을 높여주는 방법입니다.

불안과 두려움이 많은 아이에게 '적응'이란 과연 무엇일까요? 이는 새로운 자극과 환경에서 발생하는 상황이나 규칙을 파악하고 익숙해지는 것을 의미합니다. 어떤 아이들에게는 적응 과정이 그리 중요하지 않을 수 있어요. 상황이나 규칙을 파악하지 않아도 호기심 하나만으로 기꺼이 달려들고 활동을 시작할 수 있는 아이들이 있지요. 하지만 불안과 두려움이 많은 아이들에게는 '내가 이 상황을 안다', '이런 일이 일어날 수 있으니 이렇게 행동해야지'라는 예측 가능성이 매우 중요합니다. 이 부분이 확보되어야 비로소 행동을 시작할 수 있어요. 아이가 불안과 두려움을 느끼지 않도록 하는 것은 어렵지만, 새로운 자극이나 환경을 좀 더 빠르게 받아들이도록 돕는 것은 가능합니다.

어떻게 도와주면 될까요? 아이가 새로운 것을 반드시 해야 하는 상황일 때 최대한 구체적으로 자세히 이야기해 주세요. 예를 들어 유치원에서 딸기밭으로 체험을 가야 하는 상황이라면, 아이와 미리 딸기밭이 어떻게 생겼는지, 어떻게 딸기를 따는지 등에 대해 이야기를 나누어볼 수 있어요. 특히 말로 설명하는 것보다는 시각적인 자료를 사용하는 것이 효과적입니다. 사진이나 동영상을 검색해서 간접경험을 하도록 돕는 것이지요. 다양한 상황에서 이 방법을 적용할 수 있어요. 이때 어린이집이나 학교에서 보내는 주간계획표가 큰 도움이 됩니다. 계획표를 미리 보고 경험하게 될 활동이나 배우게 되는 새로운 학습 부분에 대해 아이에게 이야기해 주세요. "이 활동을 할 때, 물감이 손에 묻을 수 있어. 너무 싫으면 선생님에게 이야기할 수 있어"라고 대처 방법까지 이야기해 주거나, "이번 주에는 두 자릿수 곱셈을 배운다고 되어 있어. 미리 보고 갈래, 아니면 학교에 가서 배울래?"라고 권할 수도 있어요. 아이는 이러한 과정을 통해 상황을 그려볼 수 있고, 새로운 상황을 내가 알고 통제할 수 있다는 안정감을 느끼게 됩니다. 다만 아이들 중에 일부는 너무 자세하게 이야기해 주면 오히려 더 큰 불안과 두려움을 호소하며 계속 보채는 경우가 있어요. 아이가 이러한 경우에 해당한다면 너무 상세하게 미리 이야기해 주지 않는 게 좋아요. 예기불안을 지나치게 자극하기 때문이에요.

그런데 아이에게 주어지는 상황에만 적응하게 돕는 것으로는 부모의 마음이 개운하지 않습니다. 아이가 원래 하던 것 외에 새로운 경험을 적극적으로 해보도록 권하고 싶은 마음이 들지요. 실제로 아이가 느끼는 두려움에 대해 부모교육을 하고 나면 많은 부모님들이 "아이에게 새로운 경험을 하게 하는 것은 포기해야 할까요?"라는 질문을 많이 하세요. 정말 그럴까요? 전혀 그렇지 않습니다. 다만, 새로운 경험을 하게 하려면 약간의 전략이 필요합니다. 조금씩 스며들며 확장해 보세요.

제 아이가 다섯 살 때였습니다. 아이가 다섯 살이 되니 아이에게 권해주고 싶은 외부 프로그램이 많이 보이더라고요. 해외작가와 함께하는 퍼포먼스 미술 프로그램을 호기롭게 신청하고 미술관에 아이를 데려갔습니다. 그런데 아이에게는 우리나라에서 손에 꼽는 규모의 큰 미술관, 외국인 선생님, 그리고 붓을 던지고 물감을 튀기면서 하는 미술 활동, 부모와 떨어져야 하는 분리 수업, 이 모든 것이 너무 큰 충격이었나 봅니다. 부모 눈에 아무리 재미있고 좋아 보이는 활동이라고 해도 아이가 울고불며 거부하면 소용 없는 일이지요. 재미있게 활동하는 또래 아이들을 보면서 부모로서 너무 속상했지만 마음을 고쳐먹었습니다. '우리 아이에게는 다른 전략이 필요하겠다'라고요. 우선 아이가 미술관과 친해지는 것을 목표로 했습니다. 대형 미술관이 아닌, 아이들을 위한 전시로 시즌마다 바뀌는 작은 미술관을 찾아 계절마다 방문했습니다. 공간은 익숙하지만 전시 내용이 바뀌는 곳, 아이는 조금씩 미술관이라는 장소에 익숙해지기 시작했어요. 종종 부모가 함께할 수 있는 수업이나 참여 프로그램을 시도하기도 했습니다. 낯설지만 부모가 함께하니 그나마 쉽게 시작할 수 있었어요. 그러고 나서 아이가 어느 정도 익숙해졌을 때, 부모와 분리되어 들어가는 수업을 시도했어요. 활동은 너무 낯선 재료나 방법을 사용하는 수업이 아닌, 아이가 적당히 흥미를 가질 수 있는 정도로 시작해 보았지요. 그렇게 조금씩 다른 미술관이나 박물관으로 영역을 넓히기 시작했고, 몇 년 동안 조금씩 늘려간 끝에 마침내 아이는 처음 가보는 제주도

미술관에서 엄마아빠와 떨어져 손에 물감을 묻혀 그림을 그리는 활동을 해냈습니다. 처음 목표했던 지점에 도달하기까지 시간은 좀 더 필요했지만 결국 해냈지요.

다른 경험의 확장도 비슷한 접근이 필요합니다. 아이 입장에서 새롭다고 느껴지는 부분이 너무 많이 제시되면 거부할 가능성이 높아요. 익숙해지면 하나 더, 또 익숙해지면 하나 더, 이렇게 확장해 가는 전략이 필요하지요. 부모에게는 귀찮고 힘든 일입니다. 저 역시 롤러스케이트를 타게 하기 위해 같이 롤러스케이트를 타고, 수영을 하게 하려 저도 수영을 해야 하는 상황이 유쾌하지만은 않았어요. 하지만 이러한 과정을 통해 아이가 마침내 혼자서 해내고 즐기는 상황을 경험하게 되면, 부모 또한 성취감을 느끼게 됩니다. 아이의 성장을 통해 부모도 기쁨을 얻는 것이지요. 아이에게 새로운 경험을 권하고 싶다면 조금씩 확장해 주세요. 아이가 좋아하는 주제(공룡, 동물 등)가 있는 새로운 장소를 가거나, 낯선 활동이지만 부모나 친구와 함께할 수 있는 등 새로운 것에 익숙한 것이 하나는 꼭 들어가도록 전략을 세워보세요. 그럴수록 아이는 새로운 것을 해낼 수 있는 힘이 생겨납니다.

아이에게 안정감을 주어
새로운 경험으로 나아가게 하는

# 부모의 말

1 ▸ 새로운 상황을 예측하도록 돕기

- "이건 지난번에 갔던 곳과 비슷해 보인다."

- "○○랜드가 어떤 곳인지 같이 찾아서 볼까?"

- "흙이 손에 묻을 수 있어, 그럴 땐 이렇게 하면 돼."

2) 아이에게 충분한 시간을 주기

- "준비가 될 때까지 어떤 건지 함께 지켜보자."

- "○○가 준비되면 엄마아빠에게 말해줘!"

3) 익숙한 것에 새로운 것을 더하기

- "○○가 좋아하는 것을 만나러 새로운 곳에 갈 거야."

- "한 번도 안 해본 것을 오늘 엄마아빠랑 함께 해볼 거야!"

# 불안과 두려움을 만드는 생각 공장을
# 리모델링 해주세요

## 아이에게 불안과 두려움을 가져오는
## '생각'을 찾아야 해요

○

'왜 불안해할까?', '우리 아이는 왜 이렇게 두려워하는 걸까?', '어떻게 하면 불안과 두려움을 없애줄 수 있을까?' 우리는 주로 아이가 느끼는 감정에 집중을 합니다. 그런데 불안과 두려움을 포함한 감정은 갑자기 어딘가에서 뚝 떨어지는 것이 아닙니다. 감정은 어떠한 '생각'을 통해 만들어지는 결과라고 볼 수 있습니다. 즉 아이가 불안과 두려움을 느끼는 것은, 아이에게 어떠한 생각이 발생했고, 이 생각이 감정을 만들고

유지하기 때문이지요. 이러한 감정은 아이로 하여금 특정한
행동을 하게 하는 원인이 됩니다.

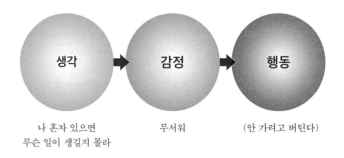

예를 들어, 아이가 분리 수업으로 진행되는 미술 활동을 두
려워하고 있다고 가정해 볼게요. 이때 아이가 새로운 활동에
대해 느끼는 두려움은 감정입니다. 그런데 이 두려움이 갑자
기 생겨난 것은 아닙니다. 앞서 말했듯 아이에게 어떠한 생각
이 들었기 때문이지요. 예를 들어 '엄마랑 떨어지면 무슨 일이
생길 것 같아', '선생님이 무서운 것 같아' 등의 생각을 할 수
있어요. 그 생각이 무엇인지 정확하게 드러나지는 않지만, 아
이에게 어떠한 생각이 찾아왔기에 두려움이라는 감정이 생
긴 것은 분명합니다. 그리고 이렇게 발생된 감정은 울며 떼를
쓰거나, 도망치거나 화를 내거나, 드러눕는 것 같은 '행동'으

로 이어집니다.

따라서 아이의 불안과 두려움을 잘 다루어주고 싶다면 감정보다는 아이가 가지고 있는 생각에 접근하는 것이 훨씬 유리합니다. 감정은 모호하고 손에 잡히지 않는 느낌이지만, 생각은 연습하면 명료하게 다룰 수 있는 것이니까요.

그렇다면 어떤 생각이 아이에게 불안과 두려움을 느끼게 만드는 걸까요? 아이의 연령과 구체적인 상황에 따라 조금씩 차이는 있지만, 이러한 생각은 보통 과도하게 확장되거나 왜곡된 특성을 가지고 있습니다.

**불안과 두려움이 많은 아이가 주로 하는 생각**

"내가 걱정하는 일은 반드시 일어날 거야."
"낯선 것을 하면 무서운 일이 일어날 거야."
"익숙하지 않은 건 절대로 할 수 없어."
"한번 무서운 건 계속 무서운 거야."

내가 생각하는 것이 반드시 실제가 될 것이라는 비현실적인 생각, 작은 경험을 실제보다 더 크게 받아들이는 생각, 한

번 발생한 일이 계속 일어날 거라는 일반화의 오류 등이 대표적인 아이의 '왜곡된 생각'입니다. 이러한 생각은 아이가 의도해서 하기보다는, 어떠한 자극이나 환경을 만났을 때 자동적으로 발생하는 경우가 많아요. 즉 아이조차도 자신이 그러한 생각을 하고 있는지 전혀 눈치채지 못합니다. 아이는 그냥 불안하고 두렵다는 감정만 느끼고, 그것을 행동으로 표출할 뿐이지요. 아직 아이는 스스로 어떤 생각을 하고 있는지 파악하고, 그 생각이 사실이 아님을 반박하지 못합니다. 나중에는 아이가 스스로 할 수 있어야 하지만, 처음에는 반드시 부모가 함께 시작하고 연습시켜 주어야 해요.

<br>

## 아이의 생각을
## 파악해 보세요

◦

불안과 두려움을 느끼게 하는 아이의 생각을 가장 먼저 파악합니다. 이 생각을 파악하기 위해서 강조한 것이 앞서 말씀드린 공감하기와 구체적으로 표현하도록 돕기입니다. 아이의 정서발달은 인지, 신체, 언어 등의 발달에 비해 늦게 시작하고 천천히 자라납니다. 아이가 말을 하고 몸을 마음껏 사용한다고 해서 정서발달까지 성숙한 상태는 아닌 것이지요. 그렇기에 감정을 깨닫고 표현하는 것에 미숙합니다. 따라서 부모는 아이를 진정시키고 적절한 질문을 하며 유도해야 합니다. 이 과정을 통해 감정의 이면을 자세히 파헤쳐주는 작업이 필요하지요.

우선은 아이가 진정해야 합니다. 불안과 두려움을 극도로 느끼고 울부짖는 상황에서는 아이와 대화를 나눌 수 없어요. "그렇게 느낄 수 있어", "두려운 마음이 들었구나?"라고 공감해 줍니다. 아이를 진정시켜야 하는 이유는 아이에게 감정을 다루는 방법을 가르치기 위한 기초작업이기 때문입니다. 그러고 나면 아이가 느끼는 감정에 대해 구체적인 질문을 해야 합니다. "어떤 생각이 들어서 무서웠을까?"라고 열린 질문을 사용하는 것이 좋지만, 아이가 너무 어리거나 대답하기 어려워한다면 추리하듯이 아이에게 질문해 볼 수도 있어요. "엄마가 없을 때 무슨 일이 생길 것 같아서 그래?", "선생님이 무섭게 할 것 같은 생각이 드니?"와 같은 질문은 아이가 느끼는 감정의 원인을 파악하는 데 유용합니다.

## 자신의 불안이 진짜가 아니라는 것을
## 아이가 알아야 해요

◦

아이가 가지고 있는 생각을 알았다면 그다음은 어떻게 해야 할까요? 만약 아이가 가진 생각이 막연하고 왜곡된 걱정이라면, '실제로는 그런 일이 일어나지 않는다'라는 결과를 계속 연결해 주어야 합니다.

아이는 무언가를 하기 전에 느끼는 불안에 강하게 압도되어 있는 경우가 많습니다. 우리는 이런 상황에서 어떻게든 아이를 설득하고 달래서 해보게 하려 많은 노력을 기울이지요. 그런데 아이가 막상 무언가를 하고 난 이후에는 반응을 잘 해주지 않습니다. 그저 '에휴, 이번에도 겨우 하게 만들었네~'라고 안도하고 넘어가거나, 아이에게 "잘했어!"라고 칭찬하는 것으로 끝내곤 하지요. 아이의 잘못된 생각 공장을 리모델링할 수 있는 최고의 타이밍은 무언가를 시작하기 전이 아니라, 아이가 걱정하던 일을 해내고 난 직후입니다. 낯선 자극이나 환경을 만났을 때, 아이에게 자동적으로 만들어지는 '내가 걱정하는 일은 진짜 일어날 거야', '내가 두려워하는 일은 꼭 일어나고 말 거야', '무서운 것을 나는 절대로 할 수 없어'라는 생각을 '내가 걱정했던 일은 실제가 아니었다', '내가 두려워했

129

던 일은 일어나지 않았다', '걱정한 일을 내가 해냈다'라는 생각으로 계속 바꾸어 연결해 주어야 합니다.

### 생각 공장 리모델링

내가 걱정하는 일은 진짜 일어날 거야
→ 내가 걱정했던 일은 실제가 아니었다

내가 두려워하는 일은 꼭 일어나고 말 거야
→ 내가 두려워했던 일은 일어나지 않았다

무서운 것을 나는 절대로 할 수 없어
→ 걱정한 일을 내가 해냈다

아이가 부모님과 분리되어 체험활동을 하는 상황에 적용해 볼까요. 아이는 '엄마와 떨어지면 무서운 상황이 생길 수 있다', '선생님이 무서운 것 같아', '엄마와 떨어졌다가 다시는 못 만나면 어쩌지?' 등의 생각을 하고 있을 수 있어요.

그 생각을 파악하고 나면 우리는 아이를 잘 달래서 수업에 들여보낸 후, 다시 만나는 순간을 놓치지 말아야 합니다. 아이에게 "○○가 아까 들어가기 전에는 엄마와 떨어지면 무서운 일이 생길 것 같다고 했잖아. 정말 무서운 일이 생겼니?"

"엄마랑 다시 못 만날까 봐 걱정했는데 우리는 이렇게 다시 만났네? ○○가 걱정하던 일은 진짜가 아니었어" 등의 이야기를 해주는 거예요. 아이를 다그치는 느낌으로 말하기보다는, 가볍고 짧게, 부드럽게 이야기하는 게 좋아요. 중요한 것은 '이렇게 불안하고 두려운 생각을 했다 → 실제로 해봤다 → 생각했던 일이 일어나지 않았다'라는 연결을 반복적으로 쌓아주는 것이지요.

자주 듣다 보면 어느새 아이가 스스로 꺼낼 수 있는 생각으로 자리를 잡습니다. '내가 생각하는 일이 실제로 꼭 일어나는 것은 아니야'라는 반박을 아이가 스스로 하게 되는 순간이 오게 되는 거죠.

## 아이의 불안과 두려움에 대해
## 탐정처럼 이야기해 주세요

◦

부모가 아이의 잘못된 생각과 결과를 연결해 주는 작업을 충분히 했다면, 이제는 좀 더 적극적으로 아이의 생각을 반박하는 시도를 해볼 수 있어요. 이때 주의해야 할 게 있습니다. 불안과 두려움이 많은 아이들은 쉽게 위축되는 경향이 있기에 아이를 가르치거나 혼내듯이 접근하지 말고, 대화를 나누듯이 부드럽게 시도해야 합니다. '탐정이 되어 보기'와 같이 놀이처럼 느껴지게 할 수도 있어요. 마음의 탐정이 되어보자고 제안하면서 "이 생각은 진짜일까?", "진짜가 아니라는 증거를 찾아보자!"라고 상황을 설정해 보는 것이지요. 예를 들어, 앞서 이야기한 '부모와 분리되어 체험활동을 하는 상황'에서 아이가 '선생님이 무섭게 혼낼 것 같아'라는 생각 때문에 두려움을 느끼고 거부하는 행동을 하면, 우리는 아이에게 "우리 그러면 탐정이 되어 지금 ○○가 하고 있는 생각이 진짜 일어날지 이야기해 보자"라고 제안할 수 있어요. 그리고 다음의 질문들을 사용하여 아이와 이야기를 나누어보세요.

### 탐정처럼 생각하기 질문

- "이전에도 비슷한 걱정을 한 적이 있었을까? 그때도 무서운 일이 일어났니?"
- "이런 걱정을 안 했던 적이 있을까? 그때는 지금과 무엇이 달랐을까?"
- "지금 걱정하는 일이 진짜로 일어날 가능성은 얼마나 될까?"
- "그런 일이 일어날 거라는 증거가 있을까?"
- "만약에 걱정하는 일이 생기면 어떻게 행동하면 해결할 수 있을까?"

위 예시 상황에서도 질문을 동일하게 적용할 수 있어요. "지난번에도 선생님이 무서울 것 같다고 했잖아, 정말 무서운 선생님이었어?", "선생님이 무섭게 대할 것 같은 증거가 어디에 있을까?", "○○가 처음에는 걱정했지만 지금은 좋아하는 선생님이 누가 있지?", "만약에 정말 선생님이 무섭게 대하면, ○○는 어떻게 하고 싶어?" 등의 대화를 통해 아이가 가진 생각이 수정되고, '내가 생각한 것이 어쩌면 진짜가 아닐 수도 있겠구나'라는 새로운 생각으로 바뀌게 되지요.

아이의 경험이 쌓이고 연령도 높아지면 비슷한 상황에 질문을 응용해 볼 수도 있어요. "우리가 지난번에도 선생님을 무서워하는 것에 대해 이야기했던 것 같아", "우리가 그때 어떤 생각을 했더라?", "우리는 그때 어떻게 하기로 결정했었지?"와 같은 질문을 통해 아이가 스스로 자신의 생각과 경험에 접근하도록 힘을 키워주는 것이지요. 처음에는 이러한 탐정 질문이 부모와 아이 모두에게 어색하고 어렵게 느껴질 수 있어요. 하지만 순서에 따라 여러 번 반복하다 보면 훨씬 더 자연스럽게 대화를 나눌 수 있게 되고, 아이가 도전해 보는 횟수도 늘어납니다.

# 부모의 말

**1 ▸ 아이의 불안이 실제가 아님을 알려주기**

– "네가 걱정하던 일은 실제로 일어나지 않았네?"

– "○○의 걱정은 진짜가 아니었어."

– "처음엔 걱정했지만 아무 일도 일어나지 않았구나."

**2 ▸ 아이의 불안과 두려움 반박하기**

– "지금 걱정하는 일은 꼭 일어날까?"

– "○○가 처음엔 무서워했지만 지금은 좋아하는 게 뭐가 있을까?"

**3 ▸ 아이가 스스로 생각하도록 돕기**

– "지난번에 비슷한 걱정을 할 때 우리가 어떻게 했었는지 기억나니?"

– "만약에 무서워하는 일이 발생하면 엄마아빠가 어떻게 도와줄 수 있다고 했었지?"

# 아이의 성공 경험을
# 계속 저장해 주세요

성공 경험이 있어야
도전할 수 있는 어른으로 성장해요

아이가 어릴 때는 부모가 옆에서 도와주고 설득하며 불안과 두려움을 이겨내도록 이끌어줄 수 있어요. 하지만 초등학교 고학년만 되어도 부모가 무언가를 해줄 수 없는 상황이 빈번하게 발생합니다. 더 멀리 내다보자면, 아이가 어른이 된 이후에는 절대로 우리가 도와줄 수 없지요. 결국 아이 스스로 불안과 두려움을 이기는 힘을 가져야 합니다. 그래서 부모는 아이의 불안과 두려움을 직접 해결해 주는 것이 아니라, 아이가 해결할 수 있는 내면의 힘을 키워주어야 합니다. 그 내면의 힘을 만들어주는 것이 바로 '성공 경험'입니다. '내가 해냈다', '나는 걱정이 많지만 그래도 해본 것이 많아!'라는 경험을 많이 가지고 있는 아이는, 처음에는 걱정하고 두려워하더라도 결국 시도해 보는 쪽으로 결정할 가능성이 큽니다.

그런데 이 성공 경험을 어떻게 줄 수 있을까요? 객관적으로 불안이 많은 우리 아이들은 성공 경험의 실제 양이 적습니다. 새로운 것을 잘 시도하려 하지 않고, 도전하기까지 오래 걸리기 때문에 무엇이든 쉽게 시작하는 다른 아이들에 비해 경험의 양 자체가 적을 수밖에 없지요. 그래서 우리는 아이의 성공 경험을 계속 찾아내고 끊임없이 이야기해 주는 노력을 기울여야 합니다.

### 아이에게 스스로 성취한 성공 경험을 구체적으로 이야기해 주세요

불안과 두려움이 많은 아이들은 시도하기까지 시간이 오래 걸리고 노력이 필요할 뿐이지 아예 아무것도 안 하는 것은 아닙니다. 오랜 기다림과 여러 시행착오를 겪으면서 결국에는 적응하거나 도전하지요. 게다가 이 아이들의 특성상 적응이 되고 나면, 다른 아이들보다 더욱 꾸준히 안정감 있게 잘 해내기도 합니다. 우리는 이렇게 아이가 결국 해내는 순간을 놓치지 말고 반응해 주어야 합니다.

부모인 우리는 아이를 지켜보는 타인입니다. 그래서 아이가 처음에는 걱정하고 두려워하다가 첫 시도를 하고, 적응해서 즐겁게 활동하는 모든 과정을 인지할 수 있지요. 하지만 아이는 자신의 내면에 일어나는 변화와 행동의 변화를 연결해서 바라보지 못합니다. 걱정하고 두려워하는 순간이나 즐거운 순간 등 현재 상황에서 느끼는 감정에만 몰두되어 있지요. 그렇기 때문에 부모인 우리가 아이가 어떤 생각을 했고, 지금은 어떻게 바뀌었는지를 정리해서 읽어주고, 아이의 마음에 입력해 주어야 합니다.

### 아이 입장에서 보는 성공 경험

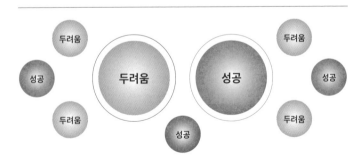

## 부모 입장에서 보이는 아이의 성공 경험

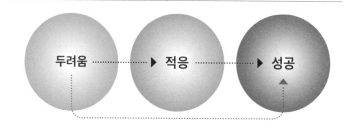

아이가 걱정하고 두려워하다가 적응으로 넘어가는 순간, 또는 완전히 성공해서 즐기고 있는 순간을 포착하세요. 그리고 아이에게 "○○가 처음에는 무서워했는데 지금은 너무 잘 적응했어!"라고 말해주세요. 예를 들어 아이가 유치원이나 학교 적응을 힘들어하다가 조금씩 나아지기 시작했다면, "○○야, 처음에는 매일 아침 힘들어하고 무섭다고 울었잖아. 그런데 이제는 가서 즐겁게 지내다 오는 날이 훨씬 많다!"라고 이야기해 줄 수 있어요. 또한 두려워하던 활동을 좋아하게 되었을 때 "처음에는 무서워하더니 지금은 ○○가 제일 즐거워하는 시간이 되었네?"라고 말해줄 수도 있고요. 아이는 부모가 해준 말을 듣고 지나치지 않고 하나하나를 성공 경험으로 저장합니다. 아이의 마음 저장고에 가득 채워져 있는 불안과 두려움을 땅따먹기 하듯 성공 경험으로 바꾸어주는 작업이 필요합니다.

## 아이를 주인공으로
## 만들어주는 칭찬을 해보세요

◦

아이가 무언가를 해냈을 때 '확실한 성공 경험'으로 기억할 수 있도록 칭찬하는 방법도 있습니다. 예를 들어, 아이가 두려운 마음을 이겨내고 놀이터에 있는 흔들다리에 도전해서 무사히 건너갔어요. 그럴 때 어떤 말로 칭찬을 해주나요? 대부분의 부모님들이 "와~ 너무 잘했어", "너무 멋지다! 최고야!", "너무 용감했어, 우리 ○○이!"라는 표현을 사용해서 칭찬을 합니다. 물론 이 칭찬이 잘못된 방법은 아닙니다. 칭찬받아야 마땅한 상황이니, 적극적으로 칭찬해 주는 태도가 필요하지요. 다만 아이가 자신이 스스로 도전하고 해낸 이 경험을 더욱 극적인 성공 경험으로 느끼게끔 해주기 위해서는 아이를 주인공으로 만들어주는 칭찬을 해주세요. "이 엄청난 일을 한 사람이 다른 누구도 아닌 바로 너야!"라고 강조해서 이야기해 주는 것이지요. 이런 드라마틱한 효과를 줄 수 있는 방법 중 하나가 바로 주어를 아이로 바꾸어 말해주는 거예요. 예를 들어 흔들다리에 도전해서 성공한 상황에서 "○○가 해냈다!", "너무 멋지다. 네가 해낸 거야!"라고 칭찬할 수 있어요. 이러한 방식의 칭찬은 아이가 주도적으로 무언가를 해낸 느낌을 강조할 수 있고, 아이에게 있어 '나의 성공'으로 기억될 가능성이 훨씬 높습니다. 간단히 표현을 바꾸는 것만으로도 이 성공의 주인공을 완벽하게 아이로 만들어줄 수 있지요.

## 아이가 가진 특성에 대해
## 긍정적인 측면을 이야기해 주세요

성공 경험은 단순히 '무엇을 해냈다'라는 개념에만 한정된 것이 아니라, '나는 그래도 괜찮은 사람이다', '나는 성공 경험을 가진 사람이다'라는 자기 자신에 대해 긍정적으로 생각하는 데 도움을 줍니다. 그래서 아이가 가진 긍정적인 면에 대해 이야기해 주는 것도 성공 경험을 저장해 주는 방법 중 하나입니다. 불안과 두려움이 많은 아이는 행동을 하기까지 시간이 오래 걸리고 때때로 주변 사람들을 귀찮고 힘들게 만들기 때문에 부정적인 피드백을 듣는 경우가 많아요. 부모도 사람이기에 답답한 마음이 들어 "너는 왜 이렇게 쉽게 하는 게 없니", "너는 뭐가 그렇게 항상 무서운 건데?", "다른 친구들은 그냥 하잖아"와 같은 말을 할 수 있어요. 또한 아이에게 직접 말하는 것은 아니어도 "아이가 너무 소심해서 걱정이에요", "아이가 적응하기까지 오래 걸리는데 잘 부탁드립니다"와 같이 부모가 다른 사람에게 하는 말을 듣게 되는 경우도 종종 있지요. 이런 말을 전혀 안 할 수는 없어요. 현실 육아에서 부모가 언제나 좋은 말만 할 수 있는 것은 아니니까요. 하지만 아이에게 '아이가 가진 긍정적인 부분'에 대해서 이야기해 주는 것을 꼭 잊지 마세요. 억지로 칭찬할 것을 만들거나 또는 아이에게 기대하는 것을 칭찬으로 바꾸어 말하기 보다는, 아이가 가지고 있는 특성 자체에 대해 이야기하는 것이 좋아요. 예를 들어 "○○는 처음에는 두려워하지만 막상 시작하고 나면 참 잘하는 것 같아", "너는 걱정이 많지만 대신 규칙을 잘 지키고 신중한 아이야", "엄마아빠는 ○○가 여러 가지 방법을 생각하는 것이 참 좋아"라고 말해주는 것이지요. 부모의 이런 말은 아이로 하여금 '나에게도 좋은 점이 있구나', '나는 결국에는 잘 해내는 사람이구나'라는 긍정적인 자기개념을 갖도록 도와줍니다.

## 부모의 말

**1 ▸ 아이의 성공 경험 저장해 주기**

– "처음에는 걱정하더니 지금은 너무 잘하고 있네?"

– "○○가 매일 무서워했잖아, 요즘은 즐겁다는 말을 더 많이 하
  네?"

**2 ▸ 아이를 주인공으로 만드는 칭찬하기**

– "네가 해냈어."

– "정말 멋져! ○○가 용기 내서 해낸 거야."

**3 ▸ 아이가 긍정적인 자기개념 갖게 하기**

–"너는 처음에는 두려워하지만 막상 시작하면 참 잘해."

–"○○는 걱정이 많지만 대신 신중한 아이야."

# 불안과 두려움을
# 잘 다루는 모습을 보여주세요

아이를 키우는 모든 부분에서 그렇듯 아이의 감정에 가장 많은 영향을 미치는 사람은 부모입니다. 자신의 감정을 인지하고 잘 조절할 수 있다고 확신하는 부모님은 많지 않습니다. 게다가 불안이나 두려움처럼 유쾌하지 않은 감정은 더욱 어렵게 느껴지지요. 그럼에도 불구하고 부모가 되었기에, 우리는 감정과 친해져야 하고 감정을 배워야 합니다. 특히 아이가 불안과 두려움을 많이 느낀다면, 부모는 불안과 두려움에 대해 배워야 하고, 이 감정을 잘 다룰 줄 알아야 합니다.

## 부모가 느끼는 불안하고 두려운 감정은
## 아이에게 영향을 줍니다

°

부모는 스스로 불안과 두려움을 어떻게 느끼고 있는지를 생각해 보는 것이 중요합니 다. 부모가 어떠한 감정을 부정적으로 느낀다면, 아이가 표현하는 감정이 부담스럽고 불쾌하게 받아들여질 수 있고, 이로 인해 감정을 잘 다루는 방법을 알려주기가 더욱 어려워지기 때문이에요. 우리나라에서 감정코칭으로 잘 알려진 가트맨 박사John M. Gottman는 감정에 대해 개인이 가지고 있는 생각과 느낌을 상위 정서meta-emotion라는 개념으로 소개했어요. 연구에 의하면 어떠한 감정에 대한 부모의 생각과 느낌이 긍정적일수록 아이의 동일한 감정을 더욱 잘 수용하고 공감해 주며, 그 결과 아이의 감정 조절뿐 아니라 또래 관계, 신체 건강, 학업성취 및 자아존중감에도 긍정적인 영향을 준다고 합니다. 예를 들어, 부모가 불안과 두려움을 해롭고 어려운 감정으로 느끼고 있다면, 아이가 불안과 두려운 감정을 드러낼 때 더 짜증이 나거나 부담스럽게 느낄 수 있어요. 그러면 충분히 공감하거나 기다려주기가 어렵겠지요. 당연히 이러한 감정을 극복하고 도전할 수 있도록 도와주는 일을 실행하기도 어려울 거예요. 나도 모르게 걱정하고 무서워하는 아이를 향해 비난을 하거나 부모 또한 두려운 마음에 아이를 재촉하는 상황이 발생할 수도 있지요. 이로 인해 아이는 불안과 두려움이라는 감정을 배우고, 다루는 방법을 배울 기회가 적어지게 되며, 감정에 압도되어 또래 관계나 다양한 영역의 성취에 있어 어려움을 갖게 될 수도 있어요. 따라서 앞서 배운 여러 가지 방법을 아이에게 잘 적용하기 위해서는, 불안과 두려움을 바라보는 부모 자신의 마음을 점검하는 일을 가장 먼저 해야 한다는 사실을 잊지 마세요.

그렇다면 부모의 마음은 어떻게 점검할 수 있을까요? 가장 쉽게 해볼 수 있는 것은 불안이나 두려움과 같은 단어를 적어두고 떠오르는 마음이나 생각, 경험, 연상되는 단어, 이미지 등을 적어보는 것입니다. (147쪽 그림 참고)

그런 다음 적은 내용을 객관적으로 읽어보세요. 아이가 불안과 두려움을 호소할 때 느끼는 마음과 어떠한 공통점이 있는지, 또는 차이가 있는지를 생각해 보면 좋습니다. 이런 간단한 작업은 전문가 없이도 부모 스스로 해볼 수 있는 감정탐색 활동이에요. 또한 기간을 정해두고 나의 감정을 솔직하게 기록하는 활동을 하는 것도 추천합니다. 일기처럼 쓰는 것이 부담스럽다면 간단히 해시태그(#)를 사용하여 오늘 느낀 감정의 키워드를 나열해도 괜찮습니다. 이때 가능한 한 다양한

## 불안과 두려움을 바라보는 부모의 마음

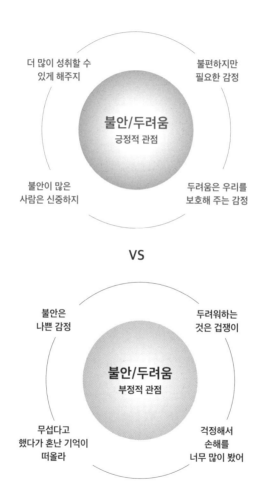

더 많이 성취할 수
있게 해주지

불편하지만
필요한 감정

**불안/두려움**
긍정적 관점

불안이 많은
사람은 신중하지

두려움은 우리를
보호해 주는 감정

VS

불안은
나쁜 감정

두려워하는
것은 겁쟁이

**불안/두려움**
부정적 관점

무섭다고
했다가 혼난 기억이
떠올라

걱정해서
손해를
너무 많이 봤어

단어를 사용하여 구체적인 감정을 표현해 보고, 긍정적인 감정뿐만 아니라 부정적이라고 느끼는 단어들도 사용하려 노력해 보세요. 1~2주 정도라도 꾸준히 하다 보면 감정에 좀 더 민감하게 반응하고, 주로 느끼는 감정의 공통점들이 보이며 부정적인 감정 단어를 사용하는 것이 보다 편안해질 거예요.

## 아이는 불안하고 두려울 때 부모를 참고해요

부모가 불안과 두려움을 잘 다루어야 하는 또 다른 이유는, 아이는 자신이 감당하기 어려운 감정을 느낄 때 가장 신뢰하는 사람의 반응을 참고하기 때문이에요. 부모가 이 상황을 어떻게 느끼고 있으며, 어떠한 반응을 보이는지를 살피면서 자신의 생각을 조정해 나가지요. '걱정되고 무섭지만 엄마아빠가 괜찮다고 확신을 주니 한번 해볼까?'라고 생각할 수도 있고, 반대로 처음에는 그렇게 두렵지 않았는데 긴장하는 부모님의 모습을 보면서 '이 상황은 내가 생각한 것보다 더 위험한 건가?'라고 생각할 수도 있어요.

특히 저는 아이들이 새로운 유치원이나 학교 입학을 앞둔

시기에 상담할 때는 부모님들께 꼭 강조하는 것이 있어요. 아이들이 새로운 환경에 적응하는 기간 동안 부모가 아이보다 더 긴장하거나 불안해하지 않는 것이라고요. 물론 부모의 마음이 더 초조하고 떨릴 수 있어요. 하지만 그러한 감정을 최대한 감추고, 아이에게 힘 있는 눈빛으로 의연하게 이야기해야 해요. 그렇지 않으면 아이가 불확실한 상태에서 오랜 시간 불안을 느끼게 됩니다. 부모가 아이보다 불안과 두려움을 더 많이 느끼면, 부모는 아이에게 '이 상황이 안전하다'라는 확신을 주지 못해요. 말로는 "괜찮아, 잘할 수 있어"라고 하지만 부모의 불안한 눈빛과 분위기는 아이에게 보이지 않는 에너지로 전부 전달이 됩니다. 아이는 '엄마아빠도 걱정하는 것을 보니, 이 상황은 위험한 게 확실해'라는 생각을 하게 됩니다. 그리고 이러한 생각은 아이의 불안과 두려움을 더욱 증폭시키지요. 결과적으로 아이의 등원·등교 거부가 오래 가고 적응도 더 늦어지게 됩니다. 부모는 감정을 표현해서는 안 되고, 부정적인 감정을 감춰야 한다는 의미가 아니에요. 아이에게 확신을 주고 설득해야 하는 상황에서는, 부모가 아이보다 불안과 두려움에 압도되는 것만큼은 피해야 한다는 의미이지요. 필요하다면 잠시 화장실이나 안방으로 자리를 옮겨 부모가 먼저 불안을 다스릴 시간을 가진 후, 준비된 상태에서 아이와 이야기를 나누어 보세요. 또한 부모는 새 학년 새 학기처럼 변화가 많은 시기에는 낮 시간을 활용하여 신체를 많이 움직이고, 정서적인 피곤함을 줄이는 활동을 하는 것도 좋은 방법입니다.


## 부모가 불안과 두려움을
## 잘 표현하는 모습을 보여주세요

마지막으로 부모가 불안과 두려움을 대하는 방법을 적극적으로 아이에게 보여주는 것도 도움이 됩니다. 아이가 자연스럽게 관찰하고 모델링 하도록 돕는 것이지요. 아이가 해냈으면 하는 기대를 부모가 먼저 자신에게 적용하고 보여주세요. 앞서 우리는 불안과 두려움을 다양하고 구체적인 단어로 표현하고, 감정 이면에 있는 생각을 찾아내고, 잘못된 생각을 반박하는 방법을 배웠어요. 그러한 방법들을 아이에게 시도하기 전에 나부터 연습해 보는 거예요. 예를 들어 아이를 첫 소풍에 보내고 불안한 마음에 아무것도 손에 잡히지 않는 상황이라고 가정해 볼게요. '나는 어떤 마음이 들어 힘든 걸까?', '아무것도 하지 못하게 만드는 감정이 무엇일까?'라고 탐색해

볼 수 있어요. 두려움일 수도 있고, 불안일 수도 있어요. 부모 개인의 경험이나 상황에 따라 분노나 미안함 같은 다양한 감정일 수도 있지요.

감정을 인지한 후에는 이제 이 감정을 발생시킨 생각이 무엇인지 들여다보는 거예요. '아이에게 혹시 사고가 나면 어쩌지?'라는 근거 없는 생각에서 오는 예기불안인 건지, '선생님이 덤벙거려서 아이를 잃어버릴지도 몰라'라는 생각에서 오는 두려움인지 등을 파악해 보고, 이 생각이 정말 타당한지 지나치게 왜곡된 생각은 아닌지를 탐정처럼 반박해 보는 거죠.

아이가 대화를 구체적으로 나눌 수 있는 연령이라면 부모가 어떠한 불안과 두려움을 느꼈고, 그 생각을 어떻게 다루었는지 아이와 이야기해 보는 것도 좋아요. 부모도 나와 비슷한 방법으로 불안과 두려움을 해결해 나간다는 것을 알게 되는 것만으로도 공감받는 느낌이 들 수 있고, 감정에 대한 배움의 필요성도 알게 될 거예요.

아이에게 안정감을 주는
## 부모의 말

**1 ▸ 불안과 두려움에 대한 나의 감정 탐색하기**

– '불안과 두려움에 대해 나는 어떤 생각과 감정을 느끼고 있나?' 스스로에게 물어보기

– '오늘의 감정은 무엇일까?' 나의 감정을 기록해 보기

**2 ▸ 아이에게 힘 있는 메시지 전달하기**

– "이 상황은 위험하지 않아, 안전해." 아이에게 흔들리지 않고 말하기

– "엄마아빠가 마음을 먼저 다스리고 이야기 나누자. 조금만 기다려줘." 부모의 감정을 먼저 해결하고 이야기하기

**3 ▸ 부모가 불안과 두려움을 먼저 다루어보기**

– "어떤 생각이 들어 마음이 불안해진 걸까?" 불안과 두려움을 느끼게 하는 생각 인지하기

– "이러한 생각은 타당한 걸까?", "이런 생각에는 어떻게 대처할 수 있을까?" 잘못된 생각 반박하기

# 이런 부모의 행동은
# 아이를 더욱 불안하게 만들어요

지금까지 불안과 두려움이 많은 아이를 양육하는 방법에 대해 알아보았습니다. 공감과 기다림이라는 기초 위에 아이가 감정을 표현하고 왜곡된 생각을 수정하며, 성공 경험을 쌓도록 도와주는 구체적인 방법과 함께 적용할 수 있는 부모의 말도 배워보았지요. 이번에는 아이가 불안과 두려움을 극복하는 데 전혀 도움이 되지 않고, 아이가 성장하는 것을 멈추게 하는 부모의 말과 행동을 알아볼게요.

## 아이의 감정만
## 과도하게 받아주면 안 돼요

"선생님, 아이가 걱정하고 무서워할 때마다 충분히 공감해 주려고 노력하는데, 전혀 나아지지 않아요. 아이의 불안이 점점 더 심해지는 것 같아요."

가끔 이런 고민을 털어놓는 부모님들을 만날 때가 있습니다. 이런 경우 좀 더 자세히 이야기를 들어보면 아이의 감정을 과도하게 받아주거나, 공감만 있을 뿐 대안을 제시하지 않거나, 부모가 감정을 잘못 예측하여 제대로 공감하지 못하는 등의 실수를 발견하곤 해요.

불안과 두려움이 많은 아이의 감정을 들어주고 수용해 주는 것은 중요해요. 아이의 걱정과 두려운 감정을 별거 아닌 것으로 축소하거나, 왜 그렇게 느끼냐고 비난을 하게 되면, 아이는 이러한 감정을 더욱 감추게 되고 적절한 방법을 배우고 연습할 수 있는 기회를 잃어버리기 때문이에요. 그러나 아이의 감정을 지나치게 받아만 주면 아이는 불안과 두려움의 소용돌이에 갇히고 맙니다.

감정이 수용되었다면 반드시 그 다음이 있어야 해요. 오늘 당장은 공감만 해준다고 하더라도, 부모의 마음속에는 목표를 설정해야 합니다. 아이가 조금씩 해보는 방향으로, 아이의 왜곡된 생각을 바꾸어주는 방향으로 움직여야 하고 이 목표를 위해 필요한 말과 행동을 계획해야 합니다. 감정에 대한 수용 없이 아이를 재촉하는 것도 문제지만, 반대로 '무서워서 어쩌지?'라고 걱정만 하고 아이에게 어떠한 방향성도 제안해주지 못한다면 그 또한 적절하지 못한 대처입니다. 따라서 내가 너무 감정 수용에만 치우친 부모라고 생각된다면, 아이의 생각을 인지하고 수정하고 성공 경험을 쌓아가며 경험을 확장해 주는 전략을 함께 시도해야 합니다.

또 다른 경우는 아이의 불안이나 두려움에 너무 깊이 동요되어 지나친 반응을 하거나 잘못된 공감을 해주는 실수입니다. 예를 들어 아이는 적응이 되지 않아 두려운 마음에 "어린이집이 무섭고 싫어"라고 이야기할 수 있어요. 아이의 이러한 표현을 주의 깊게 살펴보는 것은 필요하지요. 하지만 '무슨 일 있는 거 아냐?'라는 마음에 부모가 아이보다 더 강한 불안을 느끼고 호들갑을 떨거나, 아이의 감정이 곧 사실인 것처럼 반응하게 되면 아이는 처음보다 더 강한 불안을 느낄 수 있습니다. 또한 흔히 공감 과정에서 하는 실수 중에 하나가 "무서울 수 있어"라고 아이의 감정을 있는 그대로 수용한다는 것을 잘못 적용하여 "맞아, 정말 무섭지"라고 맞장구를 치는 것입니다. 비슷한 말인 듯보이지만 전혀 다른 의미를 담고 있어요. "무서울 수 있어"는 '실제 무서운 것은 아니지만 네가 느끼는 감정이 잘못된 것은 아니야'라는 반응이라면, "맞아, 정말 무섭지"는 '그건 확실히 무서운 것 맞아'라는 반응이에요. 잘못된 공감이 오히려 아이의 불안과 두려움을 증폭시키는 부작용을 만들게 되는 것이지요. 아이의 감정을 수용하는 목적과 말과 행동을 정확하게 사용하는 방법을 점검해 볼 것을 권합니다.

## 아이가 불안과 두려움을 계속 회피하도록 허락하지 마세요

불안과 두려움이 많은 아이를 양육하다 보면 온종일 눈에 보이지 않는 아이의 그림자와 줄다리기를 하는 기분이 듭니다. 불안과 두려움에 떨고 있는 아이를 보면 '내가 너무 재촉하는 건가?', '꼭 이렇게까지 해야 하는 걸까?' 싶은 마음도 들고, 매번 아이를 설득하고 달래는 것이 버겁고 귀찮아서 가능한 한 새로운 것을 안 하게끔 해주고 싶다는 생각이 들지요.

걱정하고 두려워하는 아이, 어디까지 피하도록 허락해도

괜찮을까요?

이 기준을 위해서 부모님은 먼저 '중요하지 않은 것'에 대해 생각해 보아야 합니다. 모든 도전을 아이가 다 경험하고 해내야 하는 것은 아니에요. 산타할아버지 행사나 할로윈 행사를 아이가 무서워해서 어떻게 해야 할지 고민이라는 부모님들 이야기를 많이 들었어요. 개인의 생각 차이는 있을 수 있지만 산타나 할로윈 행사가 억지로 권할 만큼 중요도가 높은 경험인지를 따져보아야 해요. 반드시 지금 극복해야 하는 것이 아니라면 무리해서 경험을 확장해 주지 않아도 됩니다. 모든 경험에 욕심을 내어 아이를 과도하게 자극에 노출시키면 오히려 아이의 불안과 두려움 버튼이 자주 눌릴 수 있고, 아이가 더욱 자주 강하게 거부하는 행동을 할 수 있기 때문이에요. 하지만 그렇다고 해서 아이가 걱정하고 두려워하는 모든 것을 회피하도록 허락해 주어서도 안 됩니다. 부모는 아이를 가르치고 도와주어야 하는 의무가 있어요. 무섭다고 할 때마다 규칙이나 제한 없이 유치원을 안 보내거나, 발표에서 무조건 빼주거나, 갑자기 그만두게 하면, 아이는 "회피하는 것이 가장 쉽다"라는 메시지를 입력하게 됩니다. 이러한 경험이 누적되면 아이가 연령이 높아짐에도 불구하고 불안과 두려움이 더 강해지거나 회피하는 행동을 더 많이 선택하려 할 수 있어요. 특히 아이에게 회피행동을 많이 허용하는 부모 중에는 부모의 불안과 두려움이 높은 경우가 많습니다. 내가 불안해서, 아이의 불안한 모습을 보는 게 힘들어서 등의 이유로 아이의 회피를 눈감아 주게 되는 것이지요. 어떠한 기준으로 아이에게 회피를 허용하고 있는지, 아이가 회피를 쉽게 선택하도록 오히려 돕고 있는 것은 아닌지 살펴보아야 합니다.

## 아이 대신
## 해결해 주지 마세요

아이와 휴가로 리조트에 갔다가 제 아이와 비슷한 아이를 본 적이 있습니다. 가족들이 많이 오는 곳이다 보니, 어린이들을 위한 다양한 체험 활동이 있었고, 간단한 게임을 하면 풍선이나 배지 등의 기념품을 주기도 했어요. 그 아이는 기념품에 욕심이 났지만, 낯선 장소에서의 체험 활동이 많이 두려운 것 같았습니다. 부모님이 옆에서 "너도 한번 해보자", "저거 굉장히 간단한 거야!"라고 권했지만 아이는 꿈쩍도 하지 않았죠. 그래도 자리를 떠나지 않고 엉덩이를 뒤로 쑥 빼며 엄마 팔에 치대는 것을 보니 해볼까 말까 고민하는 것 같아 보였어요. 그런데 그 순간, 엄마가 앞으로 나가더니 직원에게 이런 저런 말을 하며 부탁을 했고, 엄마가 대신 게임을 하기 시작했습니다. 그렇게 얻은 기념품을 결국 아이 손에 들려주었고요. 물론 아이는 원하는 것을 결국 얻었으니 기분이 좋아 보였어요.

부모의 마음에는 아이가 원하는 것을 해주고 싶은 마음이 들 수 있습니다. 어떤 부모님들은 아이가 불안해하면서도 미련을 버리지 못하는 것이 안쓰러워서, 아이가 직접 해보도록 권하고 도와주는 과정이 귀찮고 힘들어서 또는 부모의 성격이 너무 급해서 등의 이유로 아이 대신 문제를 해결해 주기도 하지요.

이유가 무엇이든 부모가 대신 나서서 문제를 해결해 준 경험은 아이에게 어떠한 영향을 미칠까요? 우리는 이것에 대해 생각해 볼 필요가 있습니다.

아이는 아무 노력도 하지 않았습니다. 그리고 아이 내면에서는 어떤 변화도 일어나지 않았어요. 하지만 원하는 것을 얻었고, 문제가 해결되었지요. 아이는 원하는 걸 얻기 위해서는 한 번 더 용기를 내어 도전해야 한다는 것을 배우지 못했습니다. 그보다는 떼를 쓰거나 조르면서 도전을 회피하는 것이 더 빨리 좋은 결과를 가져다준다는 것을 알게 되었지요. 부모가 아이가 회피할 수 있게 적극적으로 도와주고, 아이의 문제를 대신 해결해 주는 것은, 아이로 하여금 불안과 두려움을 과도하게 표현하는 게 이득이라는 생각을 갖게 만듭니다. 아이가 지금보다 더 많은 것에 도전하도록 돕고 싶다면, 아이의 준비 시간을 충분히 고려하고 있는지, 아이가 노력하는 시간보다 부모의 속도가 더 빠른 것은 아닌지를 꼭 점검해 보세요.

## 인내심을 잃고 폭발해 버리면
## 아이의 불안은 더 커질 수 있어요

。

불안과 두려움이 많은 아이를 키우다 보면 부모가 무조건 인내해야 한다는 생각을 자주 하게 됩니다. 차라리 아이가 여기저기 사고를 치고 다니면 시원하게 소리라도 지르고 화라도 내볼 텐데, 우리의 경우는 좀 달라요. 불안하고 두려워서 끙끙 거리는 아이 때문에 짜증이 나지만, 어쩐지 화를 내서는 안 될 것 같은 상황이지요. 게다가 아이의 감정에 공감하고 생각을 바꿔주는 모든 과정은 길고 지루합니다. 오늘은 설득에 성공하여 아이를 학교에 보냈지만, 다음날 아침이 되면 다시 원점으로 돌아가는 일이 너무나 많지요. 언제 나아질지 모르는 아이의 불안을 같이 껴안고 지내다 보면 불안이 별로 없던 부모도 함께 불안해집니다. 신경이 날카로워지고 짜증스러워지지요.

부모가 이러한 감정을 느끼는 것은 너무 당연합니다. 문제는 참고 참다가 갑자기 폭발하는 행동에 있어요. 부모가 갑자기 화를 내고 소리를 지르는 행동은 예측할 수 없는 상황을 두려워하는 아이들에게 굉장히 무서운 자극입니다. '언제 엄마아빠가 갑자기 폭발할지 몰라'라는 생각은 아이를 더욱 두렵게 만들고, 부모에게 더욱 매달리게 만드는 악순환을 발생시킵니다.

그렇다면 화는 나지만 화를 내서는 안 될 것 같은 이런 상황에서 어떻게 하면 좋을까요?

첫째, 엄마아빠의 마음에 여유가 필요합니다. 특히 아이의 불안과 두려움을 빨리 해결해야 한다는 압박은 부모를 더욱 자주 불안하게 만들며 화를 내게 하는 원인이 됩니다. 아이의 불안과 두려움은 단시간 내에 바뀌지 않아요. 이 사실을 정확하게 받아들이는 것이 오히려 부모에게 여유를 줍니다. '10년 정도는 쌓아올려야 눈에 보이는 변화가 발생한다', '우리의 목표는 아이가 스무 살에 용감한 선택을 할 수 있는 아이가 되는 것이다'라고 생각하며 목표를 멀리 두세요.

둘째, 부모가 감정적으로 너무 버거울 때는 모든 과정을 잠시 중단하는 과감한 선택을 해도 괜찮습니다. 아이와 잠깐 분리되거나, 무리해서 공감하고 설득하는 일을 멈추는 것도 지혜로운 행동이에요. 일관성이 중요하지만 부모 또한 사람이기에 언제나 똑같은 상태를 유지할 수는 없어요. 버거운 마음을 가진 상태로 섣불리 아이와 대화를 나누다가 갑자기 화를 내서 관계를 망치는 것보다는, 일관성을 잠시 내려놓고 쉬는 것이 더 좋은 결과를 가져올 수 있답니다. 더불어 부모 스스로 자신의 분노 신호를 민감하게 관찰하고 파악할 수 있다면 좋아요. 신체에 어떤 변화가 왔을 때 화를 크게 내게 되는지, 또는 어디까지는 참을 수 있고 어떤 지점을 넘어가면 폭발하는지 등을 파악해 보세요.

셋째, 부모의 역할을 현실적으로 정의해 봅니다. '나는 아이의 모든 불안과 두려움을 공감하고 이해하는 좋은 부모가 될 거야'라고 생각하면 달성이 불가능할 뿐만 아니라 필요 이상의 죄책감과 자괴감을 느끼게 됩니다. 따라서 완벽하기보다는 '조력자'로 부모의 역할을 한정하는 것이 좋아요. '아이의 불안과 두려움을 나는 제거할 수 없다', '모든 것을 받아줄 수 없다', '나는 아이가 불안과 두려움을 배우고 극복하도록 가르쳐주고 도와주는 조력자이다'라는 관점으로 접근하세요. "부모지만 전부 다 참을 수 있는 것은 아니다"라고 한계를 인정하며 시작하는 것이 부모의 마음에 보다 큰 여유를 주며, 아이가 더 나은 행동을 할 수 있게 도와줍니다.

## 부모의 불안으로 인한 이중메시지를 주의하세요

∘

불안과 두려움을 증폭시키는 이중메시지를 전달하지 않기

위해 노력해야 합니다. 이중메시지는 전혀 상반된 메시지를 동시에 전달하는 것을 의미합니다. 부모가 아이에게 이중메시지를 주면 아이는 어떤 것도 선택할 수가 없어요. 모호하고 불안한 상황에 꼼짝없이 갇히게 되지요.

실제로 유치원 행사에서 불안해하는 아이에게 부모가 이중메시지를 주는 상황을 본 적이 있습니다. 가뜩이나 불안이 높은 아이에게 많은 사람들이 지켜보고 있는 큰 무대는 부담이 되었겠지요. 무대 뒤에서 아이는 울먹이고, 부모는 아이를 달래느라 진땀을 빼는 듯보였습니다. 아이의 부모님은 "많이 무서우면 하지 않아도 괜찮아, 무서울 수 있지, 뭐!"라고 공감해 주었어요. 저는 속으로 '와, 정말 대단한 부모님이다'라고 생각했고요. 그런데 갑자기 부모님이 "그런데 할머니 할아버지도 ○○이 하는 거 보고 싶어 하시는데 해보는 게 낫지 않을까?", "너무 무서우면 어쩔 수 없는데, 엄마아빠는 그래도 해봤으면 좋겠어." 이렇게 말하는 것이 아니겠어요? 저는 아이의 난처한 마음이 그대로 전해져서 눈을 질끈 감아버리고 말았습니다. 부모의 말은 아이에게 어떤 생각을 하게 만들었을까요? 완벽한 공감도 아니고, 명확한 방향성도 없는 그야말로 모호한 상황에 아이는 더 많은 불안을 느꼈을 거예요. 이중메시지는 아이가 선택할 수 있는 기준이나 안전함이 없는 상태입니다. 이런 상황에서 아이는 잘 포기하는 것도, 잘 도전하는 것도 배울 수가 없지요.

그런데 우리는 왜 아이에게 이중메시지를 사용하는 걸까요? 보통은 부모가 결정하지 못하고 불안한 상황일 때 많이 발생합니다. '오늘은 아이에게 충분히 공감해 주고 아이 편이 되어주는 경험을 주어야겠다' 또는 '오늘은 아이가 극복하고 무대에 올라가게만 해야겠다'라는 결정을 하지 않으면 부모의 혼란스러운 마음이 아이에게 그대로 전달될 수밖에 없습니다. 아이의 마음이나 상황이 이해도 되면서 동시에 그냥 좀 했으면 좋겠다는 마음이 어느 쪽으로든 정리가 되어야 합니다. 아이가 무대에 올라가도 되고, 안 올라가도 됩니다. 이 선택에서 옳고 그른 것은 없어요. 처음이라면 "다음에는 꼭 해보자!" 하고 제안해 볼 수 있고, 이미 여러 번 수용해 준 경험이 있다면 "오늘은 올라가 보는 것까지만 하자!"라고 설득해도 괜찮아요. 중요한 것은 부모의 정리된 마음입니다. 만약 부모 또한 결정하기 어렵고 혼란스러운 상태라면 차라리 "엄마아빠에게 잠깐만 생각할 시간을 줄래?"라고 요청할 수도 있습니다. 더불어 이런 상황에서는 양육자 간의 일치된 메시지도 매우 중요합니다. 엄마는 "오늘은 무조건 하는 거야!"라고 말하는데, 아빠는 옆에서 "아냐, 무서울 수 있어, 안 해도 돼"라고 한다면 아이는 매우 혼란스럽겠죠. 특히 사회적 민감성이 높은 아이라면 더욱 난처함을 느낄 거예요. 엄마아빠가 언제나 일치된 양육을 할 수는 없어요. 오히려 다른 것이 당연하지요. 하지만 아이에게 무언가를 결정해서 이야기를 해주어야 하는 상황이라면, 사전에 엄마아빠가 서로 이야기를 나누어 방향성을 정하고, 아이에게 똑같은 메시지를 전달하는 게 좋습니다. 엄마아빠가 확신을 가지고 같은 이야기를 해주어야 아이가 더 편안하게 마음을 이야기하거나, 도전을 받아들일 수 있게 된답니다.

불안과 두려움이
많은 아이에게

## 해서는 안 되는 말과 행동

**1 ▸ 과도하거나 잘못된 공감**

**(X)** "무서워서 어떡하지?", "맞아 이거 너무 무서워."

**(O)** "무서운 마음이 들 수 있어.", "여기까지만 같이 해볼까?"

**2 ▸ 회피하는 것을 허락하기**

(X) "하고 싶지 않으면 안 해도 돼."

(O) "두려워도 해야 하는 것이 있어.", "비슷한 것을 해낸 적이 있어."

### 3 ▸ 아이 대신 해결해 주기

(X) "엄마가 가져다줄게.", "아빠가 대신 해줄까?"

(O) "갖고 싶은 마음이 있다면, 여기까지는 ○○가 해봐야 해"

### 4 ▸ 갑자기 폭발하며 화내기

(X) "도대체 어쩌라는 거야!! (버럭)"

(O) "엄마아빠가 떼쓰는 것을 받아주는 것은 여기까지야.", "무서워도 이 행동은 안 돼."

### 5 ▸ 이중메시지 전달하기

(X) "무서우면 안 해도 돼, 그런데 할머니도 기대하시는데 해보면 어떨까?"

(O) "오늘은 무대에 올라가는 것까지만 해보자.", "엄마아빠가 생각할 시간을 잠깐 줄래?"

# Part 3

불안이 많은
아이를 키우는
부모의
열세 가지 질문

아이의 불안과
두려움에 대한

리얼 부모
고민

이제 불안과 두려움이 많은 아이를 양육하는 부모님들의 주요 고민에 대해 이야기를 나누어 보려 합니다. 제가 운영한 소그룹 부모교육에서 실제로 많이 나왔던 질문을 중심으로 구성했습니다. 가정마다 구체적인 상황은 조금씩 다를 수 있지만, 4세에서 11세까지 다양한 연령대 자녀를 둔 부모님들이 고민할 수 있는 부분을 다루었으므로 참고가 되실 거예요. 다시 한 번 강조하고 싶은 점은, 아이의 불안과 두려움을 다루는 데 있어서 빠른 길은 없다는 거예요. Part 2에 설명했던 '공감과 기다림'을 중심으로 아이가 느끼는 불안과 두려움에 대해 새로운 접근을 제안하고, 한쪽으로 치우친 아이의 생각에 유연함을 주는 것을 목표로 두어야 합니다. 더불어 아이에게는 '변화'가 필요하지만, 다양한 도전을 한꺼번에 해서는 안 됩니다. 우선순위를 염두에 두고 가장 중요한 문제부터 차례대로 연습시키는 것이 효과적이라는 사실을 꼭 기억해 주세요.

# 01

# 반복되는 질문과 두려움 호소,
# 관심 끌려는 행동은 아닐까요?

**Q** 우리 아이는 걱정이 많아요. 공감도 해주고, 걱정하는 일이 일어나지 않을 거라고 잘 설명해 주지만 소용없어요. 계속 같은 질문을 반복하며 무섭다고 해요. 저도 사람인지라 짜증이 나기도 하고, 정말 걱정이 되어 그러는 건지 아니면 관심을 끌려고 하는 행동인지 헷갈리기도 해요. 제가 아이에게 반응을 너무 잘 해줘서 아이가 더 무서워하는 걸까요? 어떻게 반응해야 아이를 잘 도와줄 수 있을까요?

**A** 아이는 걱정이나 두려움에 대해 아무리 공감하고 설명해 주어도 반복하여 확인받고 싶어 하지요. 아이의 계속되는 질문에 부모는 지칠 뿐만 아니라, '혹시 내가 잘못하고 있는

건 아닐까?'라는 의문을 갖게 됩니다. 우리는 아이가 이렇게 반복하여 질문하고 확인하는 이유가 무엇일지 여러 가지 방향으로 생각해 볼 필요가 있어요.

첫째, 아이의 불안과 두려움은 반복적인 대답을 통해서 해결되지 않습니다. 앞서 이야기했듯 불안과 두려움은 아이의 타고난 특성에서 시작되는 경우가 많으며, 새로운 자극이나 환경에 대해 자동적으로 나타나는 반응에 가깝습니다. 부모는 아이가 다른 방향으로 생각을 전환하고 이를 통해 불안과 두려움을 조절하는 힘을 갖도록 도와줄 수 있지만, 이 과정이 결코 간단하지는 않습니다. 벽돌을 차곡차곡 쌓아올려 건물을 짓듯 아이의 내면에 반복적으로 쌓여야 합니다. 그래서 아이는 부모와의 대화를 통해 어제는 이해하고 안정을 찾았지만, 오늘은 또다시 걱정하고 무서워할 수 있습니다. 같은 상황이 닥쳤을 때 어떻게 대응해야 할지 금방 생각나지 않기도 하고요. 그래서 반복적인 확인은 어느 정도 불가피하다는 것을 이해할 필요가 있습니다.

둘째, 부모의 대답이 아이에게 충분한 확신을 주지 못하는 경우가 있습니다. 부모 입장에서는 공감하고 설명해 준다고 생각하지만 아이에게는 와닿지 않는 것이지요. 이런 경우 부모 스스로 공감을 해주어야 하는 이유를 충분히 이해하지 못하고 있거나 공감 방법이 잘못되었을 수 있어요. 공감보다 설득의 의도가 더 많거나 아이에게 짜증스러운 감정이 더 많이 전달되는 것이지요. 또한 아이만큼 불안과 두려움을 많이 느끼는 부모라면 아이에게 전달하는 말에 불안이 내포되는 경우가 있습니다. '진짜 그런 일이 일어나면 어쩌지?', '나도 영 찜찜하고 불안한데…'라는 부모의 감정 상태가 표정이나 말투, 목소리 톤 등을 통해 그대로 전달되는 경우이지요. 이런 경우 부모는 아이에게 확신을 준다고 생각하지만, 아이는 오히려 부모님의 감정을 참고하기 때문에 더욱 불안해질 수 있습니다.

셋째, 부모에게 재질문하며 확인하는 행동 그 자체가 아이 스스로 자신의 감정을 통제하는 수단이거나 관심을 끌려고 하는 행동일 수 있습니다. 하지만 이런 경우라고 해서 아이가 불안과 두려움을 느끼지 않는데, 관심을 얻으려 거짓말을 하는 건 아닙니다. 불안이나 두려움을 느끼지만 그것을 스스로 조절하려 노력해 보지 않고, 질문함으로써 스스로를 안정시키거나 또는 부모의 관심과 설명을 통해 위안을 얻으려하는 시도에 가깝지요.

## 아이의 호소에 끌려가지 말고
## 다시 물어보세요

아이에게 하고 있는 공감을 다시 한 번 점검해 보세요. 아이가 느끼는 불안과 두려움을 비난하거나, 설득이 목적인 공감을 하고 있는 건 아닌지 생각해 봐야 합니다. 이를 확인하기 위해서는 공감을 할 때 사용하는 언어와 비언어적인 표현을 체크해 보면 도움이 됩니다. 또한 아이가 자신의 감정을 호소하며 질문할 때, 부모의 염려와 불안을 더 많이 전달하고 있지는 않은지도요. 아이가 확신을 얻지 못해서이든, 관심을 더 받기 위해서이든 자꾸 질문하며 확인하는 행동을 할 수 있어요. 이때 아이에게 감정적으로 끌려다녀서는 안 돼요. 여기서 끌려간다는 뜻은, 아이가 이러한 감정 표현을 수단으로 삼아 자신이 해야 하는 무언가를 회피하려 하거나, 자신이 원하는 방식으로만 주도하는 것을 의미해요. 예를 들어 아이가 "선생님이 무서울까 봐 유치원에 가기 싫단 말이야", "선생님이 진짜 안 무섭게 할까?"라고 매일 호소한다고 가정해 볼게요. 이러한 행동으로 인해 부모가 아이를 지나치게 안쓰럽게 여기거나, 결국 늦게 가거나 가지 않는 방향으로 결과가 만들어진다면 아이가 의도하지 않았다고 하더라도 부모가 아이의 감정에 끌려가고 만 것입니다.

또한 저는 '아이에게 되물어보기'를 적절하게 사용하는 것을 추천합니다. 예를 들어 앞과 동일한 상황에서 아이에게 매일 해주는 이야기를 아이 입으로 이야기해 보도록 권하는 거예요. "유치원에 가면 선생님이 어떻게 해주실 거라고 했었지?", "만약 선생님이 정말 무섭게 한다면 그때 어떻게 하기로 했지?" 등 부모가 해주었던 이야기를 아이가 직접 대답해 보도록 질문을 할 수 있어요. 아이가 스스로 대답하기 위해서는 부모의 이야기를 떠올려야 하고, 이러한 과정 자체가 불안과 두려움을 조절하는 힘이 키워지는 기회가 된답니다. 참고로 만약 아이가 "잘 모르겠어", "몰라"라고 한다면 "엄마아빠가 선생님이 이런 이유로 무섭게 할 수 없다고 했었어", "선생님이 만약 정말 무섭게 한다면 이렇게 해줄 거라 괜찮아"라고 다시 이야기해 줄 수 있어요.

마지막으로 아이가 자신의 행동을 통제하지 못 할까 봐 걱정하는 경우가 있습니다. 다음주에 단원평가가 있는데 공부를 안 해서 시험을 못 볼까 봐 또는 유튜브를 너무 많이 봐서 잘못될까 봐 걱정을 하는 상황이지요. 부모 입장에서는 그렇게 걱정이 되면 열심히 하면 된다고 생각할 수 있지만, 불안이 높은 아이들에게는 이런 상황도 걱정의 주제가 될 수 있답니다. 이런 경우에 해당된다면 아이가 해야 하는 행동을 가능한 작게 쪼개어 주고, 시각적으로 확인할 수 있도록 규칙을 적어보게 합니다. '다음주 시험을 준비해야 하는데…'라는 막연한 상황이지만, '이 문제집을 하루에 세 장씩 풀면 준비가 된다'라는 구체적인 행동으로 제시하면 아이는 훨씬 명확한 상황으로 받아들일 수 있어요. 또한 '유튜브나 게임을 3일 연속으로는 하지 않는다' 등의 규칙을 적어두면 시각적으로 확인할 수 있어 스스로를 안심시킬 뿐만 아니라 감정이나 행동을 조절하는 데 도움이 됩니다. 이런 방법들을 아이의 연령과 불안한 상황에 맞게 적용해 보세요.

## 아이가 불안해하며 반복적으로 질문한다면?

1 ▶ 아이에게 제대로 공감하고 있는지 체크해 보세요

- 문제를 해결하기 위한 가짜 공감이 아닌, 아이를 진정시키는 진짜 공감을 해주세요.

- 공감은 아이의 의도대로 끌려가는 것이 아니라는 것을 기억해

주세요.

**2 ▸ 아이가 대답할 수 있게 다시 물어보세요**

- 아이에게 반복적으로 설명했던 내용을 아이가 대답해 보도록 질문해 보세요.

- "이런 상황에서 어떻게 할 수 있다고 했었지?"

**3 ▸ 아이가 불안해하는 상황을 해결하는 방법을 구체적으로 제안해 주세요**

- 막연한 상황을 구체적인 행동 목표로 바꿔주면 안정감을 느껴요.

- "하루에 ○개씩만 하면 목요일까지 다 끝낼 수 있어."

# 02

# 사고뉴스를 보거나 안전교육을
# 받고 나면 너무 불안해해요

**Q** 제 아이는 겁이 너무 많아요. 그래서 큰 사고가 났을 때 아이가 모르는 것이 낫겠다 싶어 뉴스를 절대 못 보게 하고 있어요. 그런데 이제는 아이가 좀 자라니까 자연스럽게 알게 되는 경우가 있더라고요. 그런 사고를 접하고 나면 아이가 많이 불안해합니다. 또 유치원에서 안전교육이 있으면 너무 괴롭습니다. 아이가 안전교육을 받고 나면 사고가 날까 봐 걱정하고 무서워하며 질문해요. 물론 안전에 대한 교육은 필요하지요. 이렇게 걱정과 두려움이 많은 아이에게는 어떤 도움을 주어야 하는지 궁금합니다.

**A** 큰 사고에 대해 알게 되거나 유치원에서 안전교육을 하면 불안과 두려움이 많은 아이들은 많이 불안해합니다. 그래

서 부모님들은 이런 상황이 발생할 때마다 난처함을 느끼지요. 저 역시 아이를 키우면서 비슷한 경험을 많이 했습니다. 오죽하면 '안전교육 하는 날에는 유치원을 보내지 말까?'라는 생각을 할 정도였으니까요. 안전하기 위해서 미리 하는 교육인데, 아이는 왜 더 많이 걱정하는 걸까요? 그리고 큰 사고에 대해 아이에게 얼마만큼, 어떻게 알려줘야 하는 걸까요?

연령에 따라 차이는 있지만, 아이들은 어른들이 기대하는 만큼 뉴스를 정확하게 이해하고 받아들이지 못했을 가능성이 높습니다. 스위스의 심리학자인 장 피아제의 인지발달단계이론에 의하면 '전조작기' 시기라고 볼 수 있는 2~7세 아이들은, 사고의 융통성이 부족합니다. 예를 들어 '초록불에 손을 들고 길을 건너야 한다'라고 배우면 그대로 해야 한다고 생각할 수 있습니다. 그래서 횡단보도나 신호등이 없는 곳에서는 어떻게 해야 하는지 몰라 당황하거나, 다양한 선택을 할 수 있다는 사실을 받아들이기 어려워하지요. 또한 꿈과 상상, 현실을 헷갈려하기도 합니다. 꿈에서 혼이 났는데 그것을 진짜로 생각하며 울거나, 내가 생각하는 일이 그대로 일어난다는 착각과 확신에 빠지기도 하지요. 게다가 아이들은 부모에 비해 지식과 경험이 부족합니다. 확률적으로 이러한 일이 일어날 가능성이 얼마나 높은지를 판단할 수 있는 지식이 거의 없고, 관련된 경험도 부족하지요. 그래서 안전교육과 같은 비상 상황에 대한 정보를 접하게 되면, 그 일이 나에게 당장, 그리고 자주 일어날 것 같아서 걱정하고 두려워하는 거예요. 아이는 자신이 느끼는 불안에 대해 스스로 반박할 수 있는 힘이 없다 보니, 두려운 마음을 스스로 가라앉히거나 다른 방향으로 생각하지 못해 불안에 압도되는 것입니다.

## 노출은 최소화하고, 아이가 걱정하는 것은 말로 표현하게 해주세요

"아이에게 사고 관련 뉴스를 보여주지 않고 있는데, 이렇게 차단하는 것이 맞을까요?"라고 질문하는 부모님이 많습니다. 꼭 불안과 두려움이 많은 아이가 아니어도, 갑작스러운 사고에 대해 반복적으로 영상과 사진을 제공하는 뉴스는 모두에게 높은 스트레스와 불안을 안겨줍니다. 따라서 아직 어리고 불안이 높은 특성을 가진 아이에게는 쉽게 소화할 수 없는 자극이지요. 영원히 아무것도 모르게 하며 살 수는 없지만, 아직 아이가 준비되지 않았다고 느끼거나 설명하기 쉽지 않은 사고라면 아이에게 노출하지 않는 것도 좋은 방법일 수 있어요. 무엇보다 중요한 기준은 부모가 이러한 사고를 어떻게 해석하고 있으며, 아이에게 안정감 있게 설명해 줄 수 있는가의 여부입니다. 부모님조차 편안하게 받아들여지지 않는 사고라면 아이에게 잘 설명하고 다독일 수 없을 테니까요. 만약 아이에게 사고에 대해 설명해야 하는 상황이 발생했다면, 가능한 한 아이가 걱정하고 불안하게 느끼는 점을 편안하게 질문할 수 있도록 유도하세요. "어디까지 알고 있니?"라고 질문하면서 아이가 또래나 미디어를 통해 알게 된 내용이 어떠한지 확인할 필요가 있어요. 그리고 "사고를 알고 어떤 마음이 들었어?", "어떤 일이 일어날 것 같아서 걱정이 되는 거야?"라고 질문한 뒤 아이가 표현할 수 있게 해주세요. 아이가 말로 꺼내어 표현하지 않고, 혼자 불안을 간직하면 더 많은 부작용이 발생하기 때문이에요. 그리고 이러한 대화를 마무리할 때는 마지막에 "혼자 생각하다가 또 다른 궁금증이 생기거나, 걱정되는 마음이 들면 엄마아빠에게 이야기해도 돼"라고 덧붙여주는 것이 좋습니다. 다시 이 이야기를 나눌 수 있다는 가능성을 남겨두는 것이 오히려 아이에게 편안함을 느끼게 해준답니다.

또한 안전교육에 대해서는 아이에게 객관적인 설명을 해주는 것이 도움이 됩니다. 안전교육을 왜 하는지, 실제로 일어날 가능성이 얼마나 적은지 그리고 안전교육을 받음으로써 우리에게 대처 능력이 생겼다는 사실을 알게 해주는 것이지요. 예를 들어 아이가 소방교육을 받고 불이 날까 봐 걱정한다면, 아이에게 불이 나지 않도록 우리 집은 이런 저런 노력을 하고 있고, 엄마아빠가 사는 동안 특별히 불이 난 적은 없었다는 것을 이야기해 줄 수 있습니다. 만약에 불이 난다고 해도 우리 집에 소화기를 비치해 두었고, 불을 잘 끄는 방법을 배웠기 때문에 대처할 수 있다는 것도 설명해 주세요. 이러한 설명은 단순히 아이를 안심시키는 것에 그치지 않고, 내가 걱정하는 상황이 발생하지 않게 할 수 있으며, 혹시 발생하더라도 통제할 수 있는 힘이 자신에게 있음을 알게 하는 과정입니다.

## 사고뉴스, 안전교육으로 불안해하는 아이에게는?

**1 ▸ 아이가 감당할 수 없거나 부모가 설명하기 어렵다면 노출을 최소화하세요**

- 사고와 관련된 부분은 성인인 부모님도 감당하기 어려울 수 있어요.

- 사고뉴스를 반복적으로 보는 것 자체가 불안을 야기하므로 최소화하는 것이 필요해요.

**2 ▸ 아이가 사고에 대해 알고 있다면 적절한 질문과 대화를 해주세요**

- "어디까지 알고 있니?", "어떤 마음이 들어 불안하니?"

- "또 궁금하거나 걱정이 되면 언제든지 엄마아빠에게 말해도 돼."

**3 ▸ 안전교육에 대해서는 객관적으로 설명해 주세요**

- "안전교육은 만약을 위해 미리 알려주는 거야. 실제로 이런 일이 많이 일어나지는 않아."

- "우리는 안전교육을 받았기 때문에 만약 그런 일이 생겨도 바로 해결할 수 있어!"

185

# 03

# 아이가 친구들과 어울리지 못하는 것 같아요.
# 아이의 사회성이 걱정돼요.

**Q** 놀이터에서 또래 아이들과 함께 노는 것을 두려워해요. 놀이터에 있는 여러 놀이기구에 선뜻 도전을 하지 않아요. 신나게 놀고 있는 아이들 사이를 맴돌고 있는 모습을 보면 너무 속상해요. 미끄럼틀을 타게 하기까지 시간이 오래 걸렸고, 무엇이든 적극적이지 않으니 답답합니다. 아이가 싫어하면 나가지 말까도 생각해봤지만, 아이도 놀이터에 가고 싶어 하고 또래와도 어울리고 싶은 것 같아요. 새로운 친구들을 잘 사귀지 못하고 놀이터에서 혼자 겉도는 아이, 사회성에 문제가 생기지는 않을까 걱정이 됩니다.

**A** 겉도는 아이를 보면 속상하고 걱정이 많이 됩니다. 낯선 친구들 사이에서도 금방 자리를 잡고 대장처럼 노는 아이를

키우는 부모는 절대로 이해할 수 없는 마음이지요. 우리는 먼저 아이가 왜 새로운 친구를 사귀는 과정을 어려워하는지 생각해 볼 필요가 있어요. 새로운 친구는 아이에게 있어 경험하지 않은 낯선 자극입니다. 그 자극이 사람이라는 차이만 있는 것이지요. 그래서 새로운 친구에게 호기심은 생길 수 있지만, 아이 입장에서는 충분한 시간이 있어야 안전한 대상이 됩니다. '저 친구들은 어떻게 노는 걸까?', '쟤는 어떻게 행동하는 아이일까?', '내가 만약 같이 놀게 되면 어떤 타이밍에 들어가야 할까?', '어떻게 놀아야 할까?' 등 아이가 상대를 파악하고 전략을 세울 시간이 필요하지요.

부모가 보기에는 무척 답답하게 느껴질 수 있습니다. "가서 친구야 같이 놀까?, 라고 해봐", "이름이라도 물어봐"라며 아이를 재촉하지요. 하지만 아이에게는 다양한 경험이 쌓이며 예측 가능한 자극이 되듯, 또래 관계에 있어서도 비슷한 과정이 필요하다는 것을 기억해 주세요. 흔히 부모님들이 이런 행동을 보이는 아이를 보며 '아이가 수줍음이 많다'라고 표현합니다. 하지만 이런 상황에서 느끼는 아이의 상태는 단순히 '부끄러움'의 차원만은 아니에요. 낯선 자극 앞에서 느끼는 높은 긴장과 위축으로 인해 '수줍음 많은 행동'을 보이는 것이죠.

게다가 부모님들이 놓치는 것 중 하나가 바로 '놀이터'에 대한 오해입니다. 놀이터는 놀이하는 곳이기에 아이에게 편안하고 즐거운 곳이라고 생각하기 쉽습니다. 하지만 아이들에게 있어 놀이터는 굉장히 어려운 장소입니다. 놀이터는 다양한 연령대의 아이들이 함께 존재하고, 기존에 터를 잡고 있는 아이들과 계속 바뀌는 아이들의 무리가 섞이는 곳, 그리고 행동이 빠르고 강한 아이들이 더 많은 영역을 차지하며 놀이하는 곳이지요. 상대적으로 관찰 시간이 충분히 필요하고, 선택하기까지 시간이 오래 걸리는 아이들에게는 놀이터가 부담스럽고 과도한 자극으로 느껴질 수 있습니다.

## 작고 안정적인 관계에서
## 사회성을 연습하게 도와주세요

낯선 또래에 대하여 긴장과 두려움이 높은 아이의 사회성을 어떻게 도와주면 좋을까요? 부모는 사회성이 무엇인지를 정확하게 이해해야 합니다. 사회성 발달의 중요성은 대부분 잘 알고 있지만, 사회성이 무엇인지 잘 설명할 수 있는 부모님은 많지 않아요. 오히려 사회성을 '친구를 금방 사귀는 친화력'이나 '친구를 두루 사귈 수 있는 능력' 정도로 이해하고 있는 분들이 많지요. 사회성을 잘못 이해하고 있으면, 아이가 다양한 친구들과 놀지 못하거나 친구를 사귀기까지 오래 걸리는 모습을 보면서 아이의 사회성에 대해 심각하게 고민할 수 있습니다.

사회성은 단순히 또래를 빠르게 사귀거나 무리를 형성하는 능력만으로 설명할 수 없습니다. 발달심리학자이자 정신분석학자인 에릭 에릭슨Erik Homburger Erikson의 심리사회적발달이론*에서 말하는 '주도성'의 개념으로 보면 될 것 같습니다. 즉, 내가 원하는 것을 다른 사람과 함께할 수 있는 힘이지요. 만약 아이가 친구를 금방 사귀고, 친구들도 굉장히 많지만 자기 마음대로만 하려 하고, 독불장군처럼 행동한다면 사회성이 좋다고 할 수 있을까요? 또한 아이가 겉으로 보기에는 친구들과 잘 어울리는 듯보이지만 친구들에게 무조건 맞춰주고 따라가기만 한다면 사회성이 좋다고 볼 수 있을까요?

* 에릭슨의 심리사회적 발달이론은 아이가 태어났을 때부터 성인이 되어 죽음에 이르기까지의 전 생애 발달에서 이루어야 하는 미션에 대해 이야기합니다. **각 시기마다 주어진 미션을 잘 완료해야 다음 단계로 넘어갈 수 있지요.** 생후 1년간 자신과 세상에 대한 신뢰감을 획득하고, 1~3세에는 내가 원하는 것을 해볼 수 있는 자율성을 느끼며, 3~5세가 되면 내가 원하는 것을 다른 사람의 욕구와 조율하며 문제를 해결해 가는 주도성의 단계입니다. 본문에서 말하는 사회성은 이 시기에 습득할 수 있습니다.

그렇지 않을 겁니다. 사회성이 높다는 것은, 관계를 맺고 그 관계 안에서 발생하는 다양한 문제를 조율하고 해결할 수 있는 힘이 있다는 뜻입니다. 내가 원하는 것과 상대가 원하는 것 사이에서 때로는 순서를 양보하거나, 상충되는 두 가지 욕구를 잘 합치거나, 필요하다면 상대방을 설득해서 내가 원하는 것을 하도록 만들 수 있는 능력이지요.

　이러한 의미로 사회성 발달을 바라본다면 아이에게 무엇이 필요하고, 무엇을 가르쳐야 하는지 알게 되실 거예요. 아이에게는 또래에 대해 알게 되고, 스스로 관계를 맺으며 그 안에서 발생하는 여러 가지 문제를 만나는 경험이 충분히 필요합니다. 그러나 꼭 많은 또래가 필요하지는 않습니다. 오히려 불안과 두려움이 높은 아이에게 예측할 수 없는 너무 많은 친구들이 있는 상황이나, 복잡하고 부담스러운 놀이터라는 환경은 연습에 방해가 될 뿐이지요. 아이의 사회성을 높이겠다고 매번 다양한 친구들을 마구잡이로 만나게 하는 것은, 오히려 아이를 더욱, 자주 위축되게 만들고 아이가 안정적인 관계를 경험하는 것을 어렵게 만들 수 있습니다. 그래서 저는 상담을 할 때, 아이가 편안하게 느끼는 친구 몇 명과 반복적인 놀이로 시작할 것을 권합니다. 아이가 성향적으로 잘 맞고 편안하게 느끼는 친구 또는 좋아하는 친구와 여러 장소에서 만나고, 다양한 상황을 경험하는 것이 더 좋습니다. 서로의 욕구가 상충되어 싸워도 보고, 울기도 하고, 우리 집에서도 놀아보고 친구네 집이나 외부에서도 놀이를 해보는 여러 가지 상황이 아이가 사회성을 연습하기에 더욱 효과적이기 때문이에요.

또한 초등학생 정도의 아이라면 아이가 친구에게 먼저 다가가는 방법을 배우고 연습하는 것도 필요하지만, 친구들이 먼저 아이에게 다가올 수 있도록 도와주는 방법도 좋습니다. 초등학교 아이들이 보편적으로 좋아하고 호기심을 갖는 활동이 있습니다. 아이들이 좋아하는 학습만화 신간, 종이접기, 그림 그리기 등은 아이가 친구들을 사귀기 전까지 쉬는 시간에 혼자 할 수 있는 활동이면서 동시에 친구들의 관심을 자연스럽게 끌 수 있는 매개체가 된답니다. 친구들이 말을 걸 때 어떻게 반응하며 다음 관계를 맺을 수 있는지 등의 방법을 배우고 연습한다면, 아이는 성공적으로 초기 관계에 대한 두려움을 극복하게 됩니다. 이러한 경험이 여러 번 쌓이면 아이 스스로 관계를 시작하는 것에 대한 자신감이 생기고, 여러 방법을 더 많이 만들어낼 수 있게 되지요. 아이의 사회성을 너무 걱정하여 우려를 표현하는 말로 재촉하기보다는, 아이가 보다 안정적인 상황에서 낯선 친구와 관계 맺기를 반복할 수 있도록 도와주는 게 효과적이며, 아이를 지지하는 좋은 방법이라는 사실을 기억해 주세요.

## 아이의 특성 때문에
## 사회성이 걱정된다면?

**1 ▸ 사회성에 대해 바르게 이해해요**

- 사회성은 단순히 친구를 많이 사귀거나 빠르게 친해지는 것을 의미하지 않습니다.

- 내가 원하는 것을 다른 사람과 함께할 수 있는 게 진짜 사회성이에요.

**2 ▸ 아이가 안전한 관계에서 연습하게 도와주세요**

- 아이가 편안하게 생각하는 또래 한두 명과 반복해서 만나게 해주세요.

- 집에서도 만나고 외부에서도 만나며, 갈등 상황도 해결하면서 작은 관계를 연습하도록 해요.

**3 ▸ 친구들이 아이에게 다가올 수 있는 자원을 주는 것도 좋아요**

- 종이접기, 그림 그리기처럼 혼자 할 수 있지만 또래가 관심을 갖게 하는 자원을 주세요.
- 또래가 말을 걸어올 때 아이가 대화를 이어갈 수 있도록 여러 예시를 알려주세요.

# 04

# 친구들에게 휘둘리고
# 하고 싶은 말을 못하는 것 같아요

**Q** 아이가 친구들과 함께 노는 모습을 보게 되었어요. 그런데 제가 보기엔 아이가 친구들에게 너무 휘둘리는 것 같아 보였어요. 분명히 아이도 하고 싶은 것 같은데 양보하고 맞춰주더라고요. 속상하고 답답한 마음이 들어서 아이에게 다음부터는 네가 원하지 않으면 거절해도 된다고 이야기해 주었어요. 그래도 아이는 그게 쉽지 않은가 봐요. 아이가 또래 관계에서 좀 더 자신감을 가지고 휘둘리지 않으려면 제가 어떻게 도와줄 수 있을까요? 계속 그럴까 봐 너무 걱정이 됩니다.

**A** 아이가 친구에게 휘둘리는 것처럼 보이면 부모는 참 안타깝고 속상하지요. 저 역시 아이들을 상담할 때 연령 관계

없이 가장 어려운 주제가 '또래 관계'입니다. 나의 또래 관계가 아닌, 아이의 또래 관계를 다루는 것은 내 의지대로 되는 게 아니어서 훨씬 섬세한 접근이 필요합니다.

이렇게 친구에게 맞춰주거나 거절하지 못하는 아이들은 왜 그런 행동을 하는 걸까요? 앞서 설명해 왔듯, 불안과 두려움이 유독 많은 아이들은 어떠한 행동을 선택할 때 안정적이고 충분한 시간이 필요합니다. 그래서 동일한 환경이 주어졌을 때 그렇지 않은 성향의 아이들에 비해 장악력이 부족하지요. "어어어~" 하는 사이 행동이 빠른 아이들이 주도권을 가지는 경우가 많습니다. 지켜보는 부모 입장에서는 굉장히 답답하지요. 게다가 불안과 두려움을 많이 느끼는 아이가 기질적으로 사회적 민감성까지 높은 경우가 있습니다. 이런 아이들은 부모, 선생님, 친구 등 주변 사람들이 어떠한 감정과 욕구를 가지고 있는지 노력하지 않아도 민감하게 느끼고, 되도록 맞춰주려고 하는 특성이 높습니다. 사회적 민감성이 높으면 대인관계에서 적절한 행동을 잘하고, 전반적인 관계를 고려하여 자신의 욕구를 잘 조절하거나 눈치껏 칭찬받고 인정받을 만한 행동을 잘 선택할 수 있는 장점이 있어요. 하지만 불안과 두려움이 높은 특성과 맞물리게 되면 '친구에게 휘둘리는 것처럼 보이는 행동'이 더 극대화되어 보일 수 있지요.

196

## 거절 연습, 선택 연습의
## 첫 번째 상대가 되어주세요

。

친구에게 휘둘려 보이는 아이를 어떻게 도와줄 수 있을까요? 방법을 설명하기 전에 강조하고 싶은 게 있습니다. 부모 입장에서 불편하게 느껴진다고 해서 아이도 반드시 불편해할 거라고 단정해서는 안 된다는 점이에요. 정작 아이는 불편함을 느끼지 않을 수 있습니다. 오히려 친구에게 어느 정도 맞춰주면서 만족감을 느낄 수 있어요. 또는 불편함이 있지만 스스로 불편하다고 인지하지 못하고 있을 수도 있고요. "친구에게 휘둘려서 불편하지? 엄마아빠가 도와줄게"라고 성급하게 접근해서는 안 되는 이유이지요.

이럴 때는 먼저 아이가 실제로 불편한지 확인하고, 그 상황을 인지하도록 도와줘야 합니다. 예를 들어 "아까 엄마가 ○○랑 친구랑 노는 걸 봤는데 네가 양보해 주더라고. 너는 먼저 하고 싶은 마음이 들지는 않았어?"라고 물어볼 수 있어요. 아이가 속상하거나 아쉬웠다고 이야기해 준다면 다음 단계로 가면 되지만, 그렇지 않다고 대답하거나 "잘 모르겠어"라고 한다면, 아이에게 여러 번 비슷한 질문을 듣는 기회를 주어야 합니다. 그래야 아이는 '내가 먼저 하고 싶었던 걸까?'라

197

는 질문을 스스로에게 해볼 수 있고 자신의 욕구를 깨달을 수 있습니다. 그러고 나면 아이는 상대에게 적절하게 거절하거나 내가 원하는 것을 선택하는 연습을 해야 합니다. 또 거절 당하는 경험도 필요하지요.

어떤 방법으로 연습하면 좋을까요? 아마 이런 특성의 아이를 키우는 부모라면, 한 번쯤 앞선 고민 사례처럼 아이에게 '사회적 스킬'을 가르치고 연습시킨 경험이 있으실 거예요. "싫어, 내 거야"라고 말해보자거나, "나는 하기 싫어"라고 거절해도 된다고 가르치고, 엄마아빠가 뺏어볼 테니 한번 연습해 보자고 권하기도 하지요. 하지만 부모님 앞에서는 그럭저럭 연습한 대로 할 수 있을지 몰라도 친구들과의 실제 상황에서는 실행할 가능성이 거의 없습니다. 왜 그럴까요? 실제 상황에서는 배우고 연습한 것이 잘 생각나지 않을 수 있고, 친구는 부모만큼 편안한 대상이 아니기 때문에 긴장이 높아서 실행하기 어려울 수도 있어요. 또 미리 걱정을 많이 하고 실패하는 것을 두려워하는 아이들이기에, 친구에게 용기를 내어 말했다가 괜히 불편해질 상황을 두려워하기 때문일 수도 있고요. 게다가 아이가 친구에게 기껏 용기를 내어 무언가를 거절한다고 하더라도, 친구가 예상했던 반응을 보여줄 가능성이 별로 없습니다. 아이들은 타인 조망수용능력이나 공감이 전반적으로 부족하기에, 우리 아이가 "싫어, 나도 하고 싶어"라고 이야기해도 "싫어! 내가 먼저 할 거야!"라고 우기며 쓱 가져가 버릴 수 있기 때문이에요. 이런 경우 아이는 용기를 내어 한 행동에 대해 기대했던 결과를 얻지 못하고, 이후에는 같은 시도를 다시는 안 하려고 하겠지요.

그래서 아이가 거절과 선택을 연습하는 첫 대상은 바로 부모여야 합니다. 부모만이 예측 가능한 결과를 아이에게 줄 수 있으며, 아이가 안전하게 실행할 수 있는 타인이기 때문이에요. 부모교육 강의를 할 때마다 친구에게 거절을 못하고 휘둘리는 아이에 대한 질문을 수없이 받는데, 그때마다 저는 항상 똑같은 질문을 다시 하곤 합니다. "아이가 부모님께는 잘 거절하나요?"라고요. 우리는 먼저 아이가 부모에게 잘 거절하고, 거절당하고 있는지를 확인해 보아야 합니다. 아이가 부모 앞에서 편안하게 거절하거나 선택하지 못하고, 거절당하는 것을 못 견디게 힘들어한다면 또래 관계에서는 당연히 잘 안 될 가능성이 높기 때문이에요.

아이와의 관계에서 부모가 '거절 상대'가 되어 연습을 하도록 돕는 방법은 간단합니다. 먼저 아이와의 일상에서 아이가 거절해도 문제없는 것들을 골라보세요. 식사 메뉴라든가, 양말 선택하기, 주말에 중요하지 않은 외출하기 등이 좋은 예

시예요. 아이가 실제로 거절해도 부모에게 큰 타격이 없는 것을 선택해야 합니다. 그러고 나서 아이에게 거절할 수 있는 권한을 주세요. 이때 아이에게 네가 거절할 수 있는 상황이라는 것을 함께 이야기해 주는 것이 좋습니다. 예를 들어 "토요일이라서 공원에 가볼까 하는데 너는 어때? 이건 네가 선택할 수 있는 거야. 거절해도 괜찮아"라고 말할 수 있어요. 아이가 처음부터 잘 거절할 수도 있지만, 머뭇거릴 수도 있고 "엄마아빠는 어떻게 할 건데?"라고 말하며 부모에게 맞춰주려고 할 수도 있습니다. 그럴 때는 선택의 범위를 1번, 2번으로 좁

혀서 다시 제안할 수도 있고, 이번에는 질문해 본 것에 의의를 두고 넘어갈 수도 있습니다. 중요한 것은 아이에게 거절과 선택의 기회가 자연스럽게 자주 주어지는 것이지요.

특히 선택 연습을 할 때는 좀 더 적극적으로 역할을 맡겨볼 수 있습니다. 아이가 이번 주말 점심식사 메뉴를 결정해 보거나, 외출 장소를 정하도록 해볼 수도 있지요. 저는 아이와 함께 여행을 할 때 "○○의 날"이라고 정해두고 아이 위주로 일정을 선택하게 해보았어요. 주의해야 할 것은 우리의 목표가 아이에게 정확하게 선택과 거절을 하고, 그것이 수용되는 경험을 주어 또래 관계에서의 자신감을 높여주는 것에 있다는 점입니다. 따라서 거절과 선택 연습이 아이에게 모든 선택 권한을 주거나 정확한 규칙 없이 행동하도록 허용하는 것이 아니라는 점을 기억해야 합니다.

더불어 적절하게 거절당하는 연습, 그리고 원하는 것을 설득하여 얻어내는 연습을 하는 것도 좋습니다. 불안과 두려움이 많으면서 사회적 민감성이 높은 아이들은 다른 사람에게 거절당하거나 나쁜 평가를 받는 것을 걱정합니다. 그러다 보니 거절의 메시지를 받으면 쉽게 주눅들기도 하고, 더 설득해 보려 노력하기보다는 그냥 포기해 버리는 경우가 많지요. 그래서 부모가 수용해 줄 수 있는 상황을 골라서 아이에게 거절당하고 설득하는 연습을 시도해 보면 좋습니다. 예를 들어, 아이가 원하는 옷을 입겠다고 조르는데, 부모가 그 옷을 허용할 수 있는 상황이라면 아이에게 "음, 엄마아빠는 사실 그 옷이 적절하지 않아서 거절하고 싶어. 하지만 왜 네가 그 옷을 꼭 입고 싶은지 좀 더 자세히 이야기해서 설득해 준다면 입게 해줄 수 있을 것 같아. 그 옷을 꼭 입고 싶은 이유가 뭐야?"라고 물어볼 수 있어요. 아이가 거절당하는 것을 극복하고 적당히 어떠한 이유를 이야기하면서 한 번 더 원하는 것을 얻기 위해 노력한다면, 아이에게 설득당해 주는 것이지요. 아주 간단하고 작은 경험처럼 보일 수 있지만, 아이에게는 이렇게 쉬운 시도와 좋은 결과가 결합된 경험이 쌓이는 것이 필요합니다.

정리해 보자면 아이는 불편함을 인지하고 있든 아니든, 사회성 발달을 위해 적절하게 거절하고 스스로 선택하는 법을 배워야 합니다. 하지만 스스로 방법을 생각해 내거나 또래 관계에서 바로 적용하는 것은 어려울 수 있어요. 그래서 가장 예측 가능하고 안정적인 부모와의 관계에서 선택과 거절, 설득하는 방법을 연습하도록 기회를 주어야 합니다. 작은 연습과 성공 경험들은 아이가 더 넓은 세상에서 다양한 사람들과 관계를 맺는 데 반드시 도움이 될 거예요.

## 친구에게 휘둘리고
## 하고 싶은 말을
## 잘 못한다면?

**1 ▸ 아이가 불편함을 느끼고 있는지 확인하는 것이 우선이에요**

- 부모가 불편함을 느꼈다고 해서 아이도 그럴 것이라고 단정짓지 마세요. 아이에게 확인하는 과정이 필요해요.

- "아까 친구에게 양보할 때 ○○가 먼저 하고 싶지는 않았어?" 아이가 자신의 마음에 대해 생각해 볼 수 있는 질문을 해보세요.

**2 ▸ 아이가 거절하고 선택하는 것을 부모와 연습해야 해요**

- 아이가 또래에게 바로 적용하는 것은 어렵고, 결과도 예측이 불가능하기 때문에 부모와의 관계에서 거절/선택 연습을 하고 성공하는 경험이 필요해요.

- "거절해도 괜찮아.", "이건 네가 선택할 수 있어.", "이거랑 저것 중에 무엇을 원하니?"

**3 ▸ 거절당했을 때, 한 번 더 설득하는 것을 부모와 연습해야 해요**

- 거절을 당하면 금방 포기해 버릴 수 있어요. 부모가 들어줄 수 있는 것에 대해 아이가 다시 한 번 설득하도록 기회를 주세요.

- "왜 해야 하는지 이유를 한 가지 더 이야기해 줄 수 있어? 엄마 아빠가 설득이 될 것 같은데…."

# 05

# 남자아이인데
# 너무 소심해서 걱정돼요

**Q** 남자아이를 키우고 있습니다. 어릴 때부터 무엇이든 신중하고 조심하는 모습을 보였는데, 그래서인지 보통 남자아이들이 하는 활동을 잘 하려고 하지 않습니다. 다른 아이들은 수영도 배우고 인라인도 타고 태권도도 다니는데, 아무리 권해도 "무서워. 하기 싫어!"라고 합니다. 아이 아빠는 남자아이가 저래서 어떡하냐며 걱정하고요, 저 역시 남자, 여자 차이를 두며 키우고 싶지는 않지만 신경이 쓰여요. 또래 아이들이 하는 운동 활동은 안 하려고 하고 소극적으로 행동하는 남자아이, 나중에 어디 가서 맞고 다니는 것은 아닐까요?

**A** 불안과 두려움이 많은 아이를 키우다 보면 소극적인 행

동 때문에 또래 아이들보다 뒤처지는 것 같아 걱정이 됩니다. 특히 남자아이를 키운다면 더욱 조급한 마음이 들지요. 아무리 예전보다 '남자다움', '여자다움'이라는 개념이 많이 없어졌다고는 하지만, 그럼에도 불구하고 소극적인 행동을 하는 남자아이를 키우는 부모라면 한 번쯤 주변 시선에 위축되는 느낌을 받고는 합니다. 제가 진행하던 다양한 주제의 부모교육 강의 중에서 아빠들이 가장 많이 수강한 강의도 '불안과 두려움이 많은 아이 클래스'였습니다. 매 강의마다 아빠들은 아이가 소위 말하는 '남자들의 세계'에서 잘 살아남지 못할 것 같아 걱정이라고 하셨어요. 또한 가뜩이나 소극적인 아이에게 너무 강하게 대하는 남편 때문에 고민이라는 엄마들도 많았습니다. 저 역시 이러한 특성을 많이 가진 아이를 키우면서 속상하기도 하고, 남편과의 의견 차이도 종종 있었습니다. 남편은 아이에 대해 다른 아빠들보다 훨씬 깊은 이해를 가지고 있었지만, 그럼에도 불구하고 아이가 체력이 부족하고 스포츠 활동을 두려워하는 것에 대해 적잖이 걱정하는 듯했습니다. 저 또한 다른 부모님들에게 말씀드리는 동일한 답변대로 아이를 대하며 기다렸지만 속으로는 참 애가 탔지요. 그랬던 아이는 지금 열한 살이 되었고, 처음 하는 활동은 여전히 머뭇거리지만, 그럼에도 불구하고 검도, 농구, 배드민턴, 스키 등 다양한 활동을 할 수 있는 아이로 성장했습니다. 이 과정을 통해 다시 한 번 확인한 것은 다른 아이들이 하는 활동이 아닌, 내 아이에게 맞는 활동을 찾아 아이의 적절한 속도에 맞춰 확장해 나가야 한다는 것이었어요.

## 아이에게 맞는 것을 찾아
## '함께하는 시간'으로 시작하세요

"선생님, 아이가 태권도를 안 하려고 합니다. 동네 아이들 다 하는데 우리 아이만 안 해요"라고 묻는 아빠에게 제가 이렇게 되물었습니다. "왜 태권도를 했으면 좋겠다고 생각하시나요?" 그러자 아빠는 "그거야, 태권도는 아이들이 대부분 하는 활동이고, 아이가 그 정도 기본적인 운동은 해줘야 체력도 생기고 다른 활동도 할 테니까요"라고 대답하셨어요. 저는 다시 질문을 던졌습니다. "만약 그런 이유라면, 꼭 태권도가 아니어도 되지 않을까요? 아이가 조금이라도 편안하게 시작할 수 있는 다른 운동을 찾아보면 어떨까요?"

아이에게 운동을 권하지 말라는 것이 아닙니다. 운동을 배우는 것은 꼭 필요합니다. 학습과 건강한 정서발달을 위해서라도 기본적인 체력은 필요하고, 좋아하는 운동을 찾아 꾸준히 할 수 있다면 아이의 삶이 훨씬 풍요로워지니까요. 다만 우리가 잊지 말아야 할 것은 아이에게 특정 운동 그 자체를 시키는 것에 목표를 두어서는 안 된다는 것입니다. 특히 이런 실수는 주변 아이들이 연령에 따라 보편적으로 많이 하는 활동을 아이가 거부할 때 많이 발생합니다. 예를 들면 태권도나 자전거 같은 것이지요. 하지만 냉정하게 생각해 보면 아이가 배워야 하는 것은 태권도나 자전거 타기 그 자체가 아닙니다. 운동을 통해서 체력을 기르고, 새로운 것에 도전하는 방법을 배우게 하는 것이 목표가 되어야 하지요. 이렇게 생각하면 아이에게 운동을 권하는 태도와 방법이 완전히 달라집니다. "태권도가 왜 하기 싫은데, 다른 친구들도 다 하잖아", "남자친구들은 태권도 정도는 꼭 해야 하는 거야!"가 아니라 "몸이 건강해지기 위해서는 운동을 하나 배우는 것이 필요한데 ○○가 가장 즐겁게 할 수 있는 것을 찾아보자"라고 권할 수 있게 됩니다. 제 아이 역시 태권도를 심하게 거부해서 근처에도 가보지 못했습니다. 수영도 간신히 시작했지만 선생님이 무섭다는 이유로 잠시 멈춘 상태이지요. 그럼에도 포기하지 않고 아이를 달래고 어르며 도전한 결과, 아이가 안정감을 찾은 운동을 찾아냈습니다. 바로 '검도'였습니다. 아이가 검도를 그나마 편안하게 시작할 수 있었던 이유는, 아는 형과 누나가 다니고 있었고, 태권도보다 조용하고 얌전한 친구들이 많으며, 호구를 쓰는 것이 안전해 보인다는 것이었습니다. 제 아이와 비슷한 성향을 가진 모든 아이들에게 태권도보다 검도가 더 잘 맞는 것은 아닙니다. 아마 아이들마다 조금이라도 쉽게 시도할 수 있는 운동은 다 다를 거예요. 중요한 것은 부모가 정한 운동을 하는 것이 아니라, 아이에게 맞는 것을 찾아 운동을 배우는 게 시작점이라는 거예요.

또 한 가지 방법은 운동을 '해야 하는 일'이 아닌 '함께하는 시간'으로 받아들이게 하는 것입니다. 아이가 편안하게 여기는 상대인 부모가 운동을 함께 시작해 준다면 아이가 거부할 확률이 줄어들고, 잘 안 되거나 예상치 못한 일이 생겨도 포기하지 않고 지속할 수 있는 가능성이 높아집니다. 아이에게는 부모와 함께하는 시간이기에 낯선 운동이 즐거운 감정과 연결되어 기억될 수도 있지요. 저 역시 인라인, 농구, 축구, 배드민턴 등 다양한 활동을 아이와 함께했습니다.

앞서 설명했듯 아무리 낯선 자극인 운동이라도 익숙한 자극인 부모가 고정값으로 함께해 주면 용기 내어 도전하고 경험을 확장할 수 있습니다. 부모 몸이 편한 방법은 아니지만 새로운 자극에 대해 아이가 느끼는 부담감을 확실히 덜어줄 수 있지요. '우리 아이는 정말 섬세하고 복잡한 과정이 필요하구나'라는 생각이 들지도 모르겠습니다. 그래도 잊지 말아주세요. 처음에는 무엇이든 어려워하지만 막상 시작하고 나면 누구보다 착실하게 잘 해낼 수 있는 아이들이라는 것을요!

## 너무 소극적이고 운동을 하지 않으려고 해서 걱정이라면?

1 ▸ 내 아이에게 맞는 운동 활동을 찾아야 해요

- 아이들이 하는 운동을 해야 하는 것이 목표가 아니라, 아이에게 맞는 운동을 찾는 것이 중요해요.

- 거부가 심하다면 함께 산책을 하거나 걷기운동, 공원 운동기구부터 시작해 보세요.

2 ▸ 해야 하는 일이 아닌 '함께하는 시간'으로 시작해 보세요

- 낯선 선생님, 낯선 상황에서 새로운 운동을 혼자 배워야 하는 것은 충분히 두려울 수 있어요.

- 부모가 함께해 줄 수 있는 운동부터 '함께하는 시간'으로 시작해 보세요.

# 06

# 유치원(학교)을 다른 곳으로 옮겨야 하는데
# 아이가 적응할 수 있을까요?

Q 아이는 처음 어린이집을 다닐 때부터 매번 시간이 오래 걸리고 힘든 아이였어요. 그래도 조금씩 자라면서 나아지고 있고, 지금 다니는 유치원은 잘 적응해서 2년째 다니고 있어요. 그런데 이번에 어쩔 수 없이 이사를 가게 되어 아이가 새로운 유치원에 다녀야 하는 상황이 발생했어요. 다시 원점부터 시작할 아이를 생각하니 제가 다 불안하고 두려워집니다. 환경 변화가 불가피한 상황에서 아이를 어떻게 도와줄 수 있을까요? 아이에게 기관이 달라지는 이 상황이 나쁜 영향을 줄까 봐 걱정됩니다.

A 불안과 두려움이 많은 아이에게는 변화를 최소화하는 것이 좋습니다. 적어도 영유아 시기까지는요. 환경이 많이 변

하지 않고 안정적이면 아이는 필요 이상의 불안을 덜 느끼고, 좀 더 정서적으로 편안한 상태에서 배우고 경험할 수 있는 힘을 기를 수 있어요. 하지만 어쩔 수 없는 불가피한 상황이 발생할 때가 있습니다. 이사를 가거나, 다음 단계의 기관으로 이동해야 하거나, 다니던 기관이 없어져서 옮겨야 하는 경우 등이 있지요. 누군가에게는 그저 한두 달 적응 기간을 보내면 되는 일이지만, 불안과 두려움이 유독 많은 아이를 키우는 부모에게는 정말 고민되고 두려워지는 시간입니다. 아이가 새로운 곳에 적응하는 동안 수없이 들볶이며 독한 마음으로 아이를 보내며 적응시켜야 하니까요. 오죽하면 가끔 "아이에게 환경 변화는 나쁘겠죠? 멀리서라도 제가 등하원을 시키며 같은 기관을 유지하는 것이 좋겠죠?"라는 질문을 하시는 부모님도 있습니다. 길고 긴 거리를 기꺼이 매일 라이딩 해서라도, 변화를 피하고 싶은 부모님의 간절한 마음이 느껴지는 질문이지요.

하지만 환경 변화가 아이에게 꼭 나쁘게만 작용한다고 볼 수는 없습니다. 앞서 이야기를 나누었듯, 부모가 아이에게 주어야 하는 것은, 불안과 두려움을 완벽하게 피하거나 해결해 주는 환경이 아니라 아이가 새로운 자극에 빠르게 안정감을 찾고 자신의 감정을 조절해 가며 더 나은 행동을 선택하도록 돕는 것에 있으니까요. 어쩔 수 없는 변화를 맞이해야 한다면, 부모의 마음부터 다잡는 것이 좋습니다. '이 변화는 아이에게 불가피하다. 아이가 적응을 배우는 기회로 삼자'라고요. 부모의 마음가짐을 바꾸는 것은 아이를 바라보는 눈빛과 말투, 태도에 영향을 주기 때문에 가장 기초적이고 중요한 과정이라고 할 수 있습니다.

## 아이가 안정감을 느낄 수 있는 한 가지를 찾으세요

◦

가능하다면 변화 중에서도 아이에게 좀 더 나은 것을 선택하는 방법이 있습니다. A, B, C 등의 옵션이 있다고 가정해 봅니다. 환경이 바뀌는 것은 동일하지만 아이에게 편안함을 조금이라도 더 줄 수 있는 선택지를 찾는 것이지요. 그런데 아이에게 더 나은 선택을 어떻게 찾을 수 있을까요? 단서는 아이가 그동안 보여준 적응의 모습에서 찾을 수 있습니다. 아이가 원래 다니고 있는 기관에서 좋아하는 부분, 적응하는 데 도움이 되었던 부분을 생각해 보세요. 아이가 새로운 것을 경험한 적이 종종 있다면, 그나마 거부를 적게 하고 빠르게 적응했던 환경의 공통점을 찾아보면 좋습니다. 이는 아이마다 다를 수 있습니다. 예를 들어 어떤 아이는 공간의 규모가 작을 때 더 안정감을 느끼기도 하고, 또 다른 아이는 선생님이 다정다감한 것에, 또 어떤 아이는 학습이 적고 놀이가 많은 환경을 더 선호했을 수 있어요. 새로운 환경에는 아이가 그나마 편안하게 생각하고 아이에게 안정감을 줄 수 있는 요인이 한 가지라도 있어야 합니다. 그래야 아이는 그 한 가지를 붙들고 적응해 나갈 수 있어요. 만약 아이가 언어로 잘 소통할 수 있는 연령이라면, 아이에게 직접 "지금 유치원에서 어떤 점이 제일 좋아?"라고 물어볼 수도 있습니다. 완벽한 대답은 아니어도 아이의 생각을 엿보고 참고할 수 있지요.

또한 Part 2에서 설명한 방법 중 사전경험이나 시각적 자료를 통해, 아이가 새로운 환경에 대한 이해를 사전에 갖고 예측할 수 있도록 하는 것도 도움이 됩니다. 이사 가는 지역, 또는 새로운 유치원 주변을 자주 가서 공간 자체에 서서히 익숙해지도록 하거나, 새로운 유치원에 대하여 아이가 흥미를 느낄 만한 사진이나 영상을 찾아 보여줄 수도 있어요. 간혹 아이가 미리 알면 계속 불안을 느끼며 질문을 반복하기 때문에 이야기하지 않는다는 부모님들도 계십니다. 부모가 부담을 느낀다면 어쩔 수 없지만, 기본적으로는 아이에게 갑작스

러운 변화는 아이의 적응을 더디게 할 가능성이 높으니 다소
번거롭더라도 아이가 스스로 해석하고 안정을 찾아가는 과
정을 경험하게 해주세요. 장기적으로 보았을 때는 이 방법이
더욱 아이에게 유리합니다.

## 어쩔 수 없이 환경을 바꿔야 한다면?

**1 ▸ 아이에게 안정감을 주는 요인이 한 가지라도 있는 선택을 하세요**

- 아이가 기존에 잘 적응했던 환경에서 아이에게 편안함을 주었
  던 요인을 파악하세요.

- 여러 가지 기관이나 프로그램의 선택권이 있다면, 가능한 아이의
  적응을 도울 수 있는 요인이 좀 더 많은 쪽을 선택하면 좋아요.

**2 ▸ 사전에 미리 경험하거나 시각적으로 탐색해서 적응을 높이도록
도와주세요**

- 이사 갈 동네를 가보거나 새로 옮기거나 입학하게 되는 기관,
  학교 주변을 미리 자주 가보면 좋아요.

- 아이에게 준비할 시간을 충분히 주지 않고 감추는 것은, 장기
  적으로 아이의 불안을 더 높일 수 있어요.

# 07

# 배우는 것을 두려워하는 아이,
# 어떻게 해줘야 할까요?

**Q** 아이가 어떠한 학원도 가지 않으려고 해요. 공부 학원은 바라지도 않아요. 음악이나 미술 같은 학원마저 강하게 거부해요. 다른 아이들은 이런저런 활동을 하면서 경험이 풍부해지는데, 우리 아이만 아무것도 안 하는 것 같아서 초조해요. 공부도 자꾸만 뒤처지는 것 같고요. 어딘가에 다닐 수 있도록 돕는 방법이 없을까요? 아이에게 잘 맞는 학습 방법을 어떻게 찾아야 할까요?

**A** 먼저 배움에 대해서 생각해 볼 필요가 있어요. 배운다는 것은 무엇일까요? 사전에서 찾아보면 새로운 지식이나 기술을 얻어 익히는 것이라고 정의하고 있습니다. 발달심리학자

장 피아제의 인지발달이론에서는 새로운 환경을 이해할 수 있도록 인지구조를 새롭게 만드는 상태라고 말합니다. 피아제는 배움의 과정에서 꼭 필요한 두 가지 기능을 '동화와 조절'이라고 설명했습니다.

좀 더 자세히 알아볼까요? 아이는 새로운 자극이나 환경을 만나면, 자신이 이미 알고 있거나 경험한 것을 토대로 이해하려고 합니다. 이것을 바로 '동화'라고 합니다. 그런데 기존에 알고 있는 것으로 이해할 수 없는 것들도 있겠지요? 자신이 가지고 있는 도식에 맞지 않는 자극과 환경을 접하면, 다시 이 새로운 것을 이해하기 위해 기존에 가지고 있던 인지구조를 수정합니다. 이 과정을 '조절'이라고 합니다. 쉽게 예를 들어보면, 아이는 처음 강아지를 만났을 때 '네 발이 있는 귀여운 동물 = 강아지'라고 배우게 됩니다. 그래서 같은 동물을 볼 때마다 강아지로 받아들이지요. 이것이 동화입니다. 그런데 어느 날 내가 알던 강아지와 다른 동물인 고양이를 만나게 됩니다. 아이가 기존에 가지고 있었던 강아지라는 도식으로 이해할 수가 없지요. 그래서 아이는 '조절'을 사용하여 고양이의 특성을 익히고 고양이라는 새로운 배움을 받아들이게 됩니다. 결국 피아제가 말한 배움은 새로운 것을 이해하지 못하는 불균형한 상태를 해결하기 위해 동화와 조절을 사용하여 균형 있는 사고의 상태로 만드는 '평형화' 과정이라고 볼 수 있습니다. 이 과정에서 가장 중요한 것은 새로운 자극과 환경으로 인해 깨져버린 상태를 인지구조로 해결해서 평형 상태로 만들고 싶어 하는 아이의 '동기'이지요.

이 사례의 고민처럼 아이가 무언가를 쉽게 배우려고 하지 않아 여러 번 시도하며 좌절하고 초조해하는 부모님들을 많이 만나곤 합니다. 부모님 입장에서는 '왜 해주겠다는데 싫다는 거야?', '왜 무엇이든 쉽게 하는 게 하나도 없는 거야?'라는 마음이 들 수 있지요. 저 역시 유난히 불안과 두려움이 많은 아이를 키우다 보니 초조하고 화가 났던 순간이 한두 번이 아니었습니다. 더구나 저는 불안과 두려움도 많지만, 호기심이 많고 배우고자 하는 욕심이 많은 성향이다 보니 아이의 이런 특성이 너무 답답하게 느껴졌습니다. 하지만 배움이 어떠한 과정으로 이루어지는지 이해하고, 아이의 특성을 보면서 새로운 배움에 대한 아이의 거부와 느린 속도를 이해할 수 있었습니다. 아이의 입장에서는 아직 새로운 인지구조로 새로운 상황을 제대로 학습하지 못한 상태에서 자꾸 또 다른 자극과 환경에 노출되는 것이 부담스러울 수밖에 없었던 거지요. 또한 아이는 이전에 배운 것을 토대로 새로운 것을 끼워 맞춰

이해해 보는 '동화'의 과정이 필요한데, 어떤 활동에도 겁 없이 뛰어드는 특성의 아이들에 비해 사전 경험이 부족한 경우가 많기에 더 많은 시간을 필요로 할 수 있지요. 기존 경험이 어느 정도 쌓이고 새로운 자극과 환경이 들어오면 쉽게 받아들일 수 있는 일정한 규칙이 만들어집니다. 이 사이클에 안착하기까지 시간과 적절한 도움이 있어야 합니다.

## 배움에 대한 안정적인 감정을 느끼는 것이 중요합니다

불안하고 두렵다고 하여 아이가 아무것도 배우지 않도록 마냥 허용해 줄 수만은 없습니다. 그렇다면 아이가 지금보다 새로운 배움을 잘 받아들이도록 도와줄 수 있는 방법에는 무엇이 있을까요?

우선 부모 스스로 '더 중요한 것'이 무엇인지를 생각해 보아야 합니다. 아이에게 다양한 경험과 배움의 기회를 주고 싶어 하는 부모님의 마음은 충분히 공감합니다. 하지만 부모님들과 이런 고민에 대해 대화를 나누다 보면 아이가 새로운 것을 배우는 것이 아닌, 어떠한 프로그램 또는 학원에 다니는 행동 자체로 목표가 바뀌어버린 경우를 종종 발견하곤 합니다. '어떻게 하면 아이가 더 편안하게 배울 수 있는 환경을 만들어 줄까?'가 아니라 '어떻게 해야 학원을 다닐 수 있게 할까?'에 집중하게 되는 것이지요. 물론 아이가 쉽게 프로그램에 참여하고 학원을 다닌다면 좋겠지요. 하지만 불안과 두려움이 많은 아이는 '배움'에 대한 좋은 경험을 쌓는 것부터 시작해야 해요. 그러기 위해서는 두 가지가 필요합니다.

### 불안/두려움이 많은 아이가 학습하는 과정

먼저 아이가 배울 수 있는 '제일 편안한 환경'을 만나야 합니다. 객관적으로 생각했을 때 단체 프로그램이나 학원은 편

안한 환경이 아닙니다. 전혀 모르는 선생님과 친구들을 갑자기 만나 새로운 환경에서 새로운 활동을 하는 일일 프로그램은 아이에게 다음을 예측할 수 없는 불안한 상황이지요. 학원은 어떤가요? 편안하지 않은 공간과 아이 입장에서 무서울 것이라고 예상되는 선생님, 그리고 새로운 것을 배워야 하는 압박감은 아이에게 불편한 것들로 가득한 환경입니다. 게다가 아이가 다른 사람을 많이 신경 쓰고 수줍음이 많은 특성을 가지고 있다면, 또래가 많은 환경 자체가 피곤함을 증폭시키게 되지요. 심리적으로 불안정한 상태에서 배움은 어렵습니다. 그저 학원을 보냈다는 부모님의 만족감일 뿐이지, 아이는 잘 배울 수 없는 상황일 가능성이 높지요. 따라서 아이를 어딘가에 보내는 것이 아니라 아이가 배우도록 돕는 것에 목표를 두고 안정감을 느낄 수 있는 환경에서 시작해야 합니다. 학원에 보내는 것을 포기하라는 의미가 아니에요. 아이가 보다 편안하고 쉬운 단계에서부터 시작하도록 도와주어야 한다는 뜻이지요. 예를 들어 아이가 심리적으로 편안하게 느끼는 집으로 선생님이 오도록 할 수 있습니다. 또래를 지나치게 신경 쓴다면 우선 1:1이나 소규모에서 시작할 수도 있지요. 아이가 '무언가를 배운다 → 배운 것이 쌓인다 → '배우는 것 자체에 대한 불안함이 해소 된다 → 다른 상황(학원 등)에서도 배움을 시작할 수 있다'라는 순서로 조금씩 확장해 나가야 합니다.

배움에 대한 좋은 경험을 쌓기 위한 두 번째 조건은 '한 번에 하나씩'입니다. 아이를 키우다 보면 욕심이 생길 수 있습니다. 특히 영유아 시기부터 초등학교 저학년은 인지발달에서 중요한 시기이기에 이것저것 다 경험해 봐야 할 것 같은 조급함이 들기도 하지요. 하지만 아이에게 있어 새로운 것을 배운다는 것은 그 자체로 '불안정한 상황'입니다. 그런데 새롭게 배울 것이 너무 많이 들이닥치면, 아이는 이 모든 것을 하기 위해 가지고 있는 얼마 안 되는 용기와 에너지를 나누어 써야 합니다. 따라서 '해냈다'라는 경험이 하나씩 더해지도록 속도와 양을 조절해야 합니다. 지금 아이가 새로운 것을 막 시작해서 적응하는 중이라면, 또 다른 새로운 배움은 잠시 미뤄둘 수 있어야 합니다. 미술을 배운 경험이 악기를 배우는 경험으로, 그리고 학습을 하는 경험으로 계속 쌓이며 확장된다는 것을 믿고 기다려야 합니다.

아이가 안정감을 느끼는 환경에서 시작하기 그리고 한 번에 하나씩 배우기라는 조건이 만들어졌다면, 아이의 배움을 보다 구체적으로 도와줄 수 있습니다. 아이의 "하기 싫어"라는 말은 단순히 '싫어'라는 기호의 표현이 아닐 수 있습니다.

'잘하지 못 할까 봐 두려워', '어떻게 시작해야 할지 몰라서 안 하고 싶어', '막막하고 모호한 상황을 혼자 견디는 것이 싫어' 등의 여러 가지의 감정이 담겨 있지요. 따라서 실패할까 봐 두렵고, 막연한 상태를 혼자 견디는 것이 싫은 아이가 보다 빠르게 예측 가능성을 확보하고 배울 수 있게 도와주는 전략 이 필요합니다. 그래서 저는 불안과 두려움이 많은 아이에게 는 한 걸음 정도만 빠르게 가는 '선행학습'을 추천하는 편입 니다. 아이는 어린이집/유치원이나 학교에서 모르는 것을 처음 접하면 쉽게 두려움에 압도됩니다. 사전경험이 조금이라도 있으면 수업을 더욱 편안하게 받아들이고, 동시에 자신이 모르는 부분에 대한 학습 동기가 올라갑니다. 학교 수업 기준으로 한두 단원 정도를 선행하면 안정감을 줄 수 있습니다. 조심해야 할 것은 선행이 너무 과하게 앞서면 충분히 소화하지 못해서 불안함을 느낄 수 있기에 적당한 속도로 이끌어줘야 합니다. 더불어 기관이나 학교에서 주는 주간생활계획표나 주간학습계획표를 잘 활용하는 것도 추천합니다. 아이에게 계획표는 안정감을 주고 예측이 가능하도록 도와주는 좋은 도구입니다. 그래서 아이와 함께 유인물을 확인하는 루틴을 만들면 좋습니다. 또한 학습을 할 때 목차를 먼저 보는 연습도 도움이 됩니다. '대충 이런저런 내용을 배울 거야'라고 큰 그림이 그려지면 아이는 막연한 상황에서 스케치를 그려볼 수 있게 되지요. 문제집도 저학년에는 되도록 같은 출판사, 같은 시리즈를 권합니다. 구성뿐만 아니라 글자와 디자인이 익숙하기에 그 패턴 안에서 새로운 지식을 받아들이기가 보다 쉬워지기 때문이지요.

마지막으로 자신이 학습한 것과 어려워했던 것을 갈무리할 수 있도록 도와줍니다. 아이는 불안정한 상태를 극복하기 위해 배우는 과정에 급급했기에, 실제로 내가 무엇을 해냈고, 어떻게 해냈는지 잘 기억하지 못합니다. 다른 것을 배울 때 밑거름으로 삼을 수 있게 이 부분을 잘 정리하도록 도와주면 다음 배움에 유용하지요. 예를 들어 '처음에 가장 어려워했는데 지금은 이해하게 된 것이 무엇인지', '여기서 가장 쉬웠던 것은 무엇이고, 제일 어려웠던 부분은 무엇이었는지'를 아이에게 물어보고 대화를 나누어볼 수 있습니다. 가장 어려웠지만 해결했던 부분에 별 스티커를 붙여두는 것도 좋고요. 더불어 '실전 2'의 내용을 참고하여 "처음에는 어려워했지만, 지금은 비슷한 문제는 다 잘 풀게 되었네?"라고 격려하고 성공 경험을 저장해 주는 것도 큰 도움이 됩니다. 아이는 해낸 경험을 밑바탕 삼아 새로운 배움을 조금씩 빠르게 해낼 수 있게 될 것입니다.

### 두려움 많은 아이의
### 배움과 학습을 돕고 싶다면?

1 ▸ 아이가 배움을 시작할 수 있는 안정적인 환경에서부터 시작해요

– '어떻게 학원을 다니게 할까?'가 아니라 '어떻게 잘 배우게 할

까?'에 목표를 두세요.

- 낯선 다수가 있는 학원보다는 1:1이나 가정방문, 홈스쿨링 등의 방법이 안정감 있어요.

## 2▸ 한 번에 하나씩, 무리하게 배움을 요구하지 마세요

- 아이는 하나의 배움을 위해 많은 에너지를 쓰며 노력하고 있어요.
- 부모의 욕심으로 너무 많은 배움을 요구하면 아이는 불안에 압도되어 배움을 거부할 수 있어요.

## 3▸ 배움에 대한 안정감을 높여주세요

- 주간학습계획표 등을 통해 미리 해야 할 것을 인지하고, 한두 단원을 미리 공부하는 선행학습을 통해 수업 때 당황하지 않게 도와줄 수 있어요.
- 너무 다양한 문제집과 교재, 수업은 아이가 학습에 대한 안정감을 느끼는 데 방해가 돼요.

## 4▸ 배움에 대한 성공 경험을 쌓아주세요

- "무엇이 가장 어려웠을까?", "처음에 몰랐는데 알게 된 게 뭘까?" 아이가 자신의 학습에 대해 갈무리할 수 있게 질문해 주세요.
- "처음에는 싫어했지만 이만큼 해냈어!" 아이의 작은 배움을 격려해 주시고 성공 경험을 쌓아주세요.

# 08

# 등하교 못하는 아이, 수면 분리 안 되는 아이, 어떻게 독립시켜야 할까요?

**Q** 학교에 입학한 아이의 등하교를 매일 도와주고 있어요. 엘리베이터를 타는 것도 무서워하고 학교에 혼자 가는 것도 불안하다고 강하게 거부해요. 이러다 말겠지 했는데 벌써 한 학기가 다 지나가고 아이는 여전히 달라지지 않고 있어요. 언제까지 등하교를 시켜주어야 하는 걸까요? 이렇게 받아주고 도와주는 것이 오히려 아이를 나약하고 의존적으로 만들고 있는 것은 아닐까 혼란스럽고 고민이 됩니다.

**Q** 아이는 초등학교 2학년인데 아직 저희 부부와 함께 잡니다. 혼자 자보고 싶다고 해서 침대도 사주고 원하는 대로 꾸며주었는데, 몇 번 시도하더니 너무 무서운 생각이 든다며 포기하고 다시 돌아왔어요. 사실 편하게

자고 싶은 마음도 있고, 아이가 수면 독립을 이렇게 못해도 괜찮은 건지 걱정이 됩니다. 아이도 친구들 사이에서는 조금 부끄러워하는 눈치인데, 그래도 잘 안 되나 봅니다. 언제까지 허용해도 되는 걸까요? 아이에게 문제가 있는 걸까요?

**A** 두 고민은 전혀 다른 문제처럼 보이지만 비슷한 종류의 고민이라고 할 수 있습니다. 사연의 두 아이는 부모로부터 독립되어 일상생활에서 혼자 하는 것에 대한 어려움을 가지고 있습니다. 빠른 아이들은 이미 영유아기부터 수면 독립에 성공합니다. 또 입학하고 일주일 정도만 등하교를 시켜주면 혼자서 다니는 아이들도 많아요. 하지만 또 다른 아이들은 부모가 없는 상황에서 잠을 자거나, 등하교를 혼자 하기까지 많은 시간과 노력을 필요로 하지요. 게다가 이런 아이들은 한두 가지만 독립이 안 되는 것이 아니라 여러 가지 상황에서 비슷한 행동을 보입니다. 그래서 잠도 같이 자야 하고, 등하교도 시켜줘야 합니다.

이럴 때 부모님들은 참 난처합니다. 아이가 안쓰러우니 계속 해주면서도, '언제까지 이렇게 해줘야 하는 걸까?', '이렇게 해줘도 괜찮은 걸까?'라는 마음의 갈등이 생길 수밖에 없지요. 결론부터 말하자면, 아이의 독립은 중요하지만 이 모든 독립을 한꺼번에 시도할 수는 없습니다. 아이에게 좀 더 중요한 것 또는 아이가 좀 더 쉽게 시작할 수 있는 것을 선택해서, 독립해 본 경험을 갖게 하는 것이 중요합니다.

우선 아이가 독립을 어려워하는 이유는 너무 당연합니다. 새로운 자극이나 환경에 대한 두려움이 없고, 호기심이 먼저인 아이들은 특별히 의지할 대상이 필요하지 않습니다. 탐색하고 행동하고 싶은 욕구가 언제나 우선이지요. 하지만 불안과 두려움이 많은 아이에게 변화는 어렵고 힘든 일입니다. 게다가 이 어려운 것을 함께해도 무서운데, 의지하는 대상인 부모님도 없이 혼자 견뎌야 하는 것은 더욱 두렵지요. 그래서 수면 독립이든, 등하교 독립이든 천천히, 하나씩, 짧은 시간을 견디는 것부터 시작하는 것이 좋습니다.

## 점진적인 경험을 통해
## 서서히 독립시키세요

대부분의 경우 일정 시간이 지나면 혼자 자고, 혼자 등교를 합니다. 부모가 같이 잠을 자고 싶다고 애원해도 아이가 거부하는 날이 반드시 오지요. 하지만 여러 가지 이유로 아이가 독립을 해야 한다면 다음의 순서를 따르는 것이 좋습니다.

우선 아이에게 '가장 중요한 독립'이 무엇인지부터 결정해야 합니다. 저는 부모님들과 상담할 때, 수면 독립이 우선순위가 맞는지를 꼭 확인하는 편입니다. 수면은 부모가 원해서 시도하는 경우가 많고, 아무리 늦어도 초등 고학년이 되면 자연스럽게 독립할 수밖에 없으며, 잠자는 시간만큼이라도 아이가 편안한 마음으로 숙면하는 것이 성장에 더 도움이 되기 때문입니다. '잠을 잔다는 것'은 아이에게 쉬운 일이 아닙니다. 어두운 상황, 무서운 꿈을 꿀 때 도움을 요청할 수 없는 상황은 큰 두려움이 될 수 있습니다. 간혹 아이가 새로운 것에 적응하거나 다른 독립을 연습하는 중인데 수면 독립까지 무리하게 진행하는 경우가 있습니다. 이런 경우 아이가 감당할 수 있는 범위를 벗어나면, 아이는 여러 가지 행동과 증상으로 자신의 어려움을 호소할 수밖에 없습니다. 그래서 저는 아이의 모든 독립 중에서 '수면 독립'을 가장 후순위로 미루며 키웠습니다. 잠이라도 편안하게 자야 새로운 것에 도전할 힘이 비축될 수 있다고 생각했고, 일을 하면서 충분히 함께 보내지 못하는 시간을 잠자리에서 갖기 위해서이기도 했어요. 절대 수면 독립을 하지 말라는 뜻이 아닙니다. 하지만 다른 어떤 것보다 가장 중요한 독립인지는 한 번 더 생각해 봤으면 합니다.

그 다음은 아이가 두려움을 느끼는 것이 정확하게 어떤 부분인지를 구체적으로 파악하고, 점진적으로 독립을 연습하게 도와주는 것입니다. 만약 아이가 등하교를 두려워한다고 가정해 보죠. 혼자 등하교를 해야 하는 모든 상황이 두려울 수도 있지만, 그중에서도 특히 두려움을 느끼는 부분이 있을 수 있습니다. 엘리베이터를 혼자 타는 것이 가장 두렵거나, 교문을 통과해 학교로 들어가는 것이 어려울 수도 있지요. 아이가 엘리베이터를 가장 어려워한다면 거기까지는 부모가 함께해 줄 수 있습니다. 그러고 나서 나머지 부분은 아이가 해보도록 지켜보는 것으로 간접 도움을 주는 것이지요. 또한 특별한 부분 없이 그냥 독립 자체를 두려워한다면, 점진적으로 하나씩 빼기를 하듯 적응을 시키는 것이 좋습니다. 처음에는 교문 앞까지 데려다주고, 그다음은 교문이 보이는 곳에서 헤어지는 식으로 점점 그 거리를 늘려가는 것이지요. 만약 아이에게 핸드폰을 허용하고 있다면, 학교를 가거나 집으로 돌아올 때 전화를 하며 부모님과 계속 연결된 상태를 유지하는 방법을 사용해 보세요. 통화를 계속 하는 건 위험하니 일단 목소리를 듣고 나면 연결된 상태로 핸드폰을 들고 가는 식으로 절충하면 좋을 것 같아요. 이 방법은 불안해서 아이를 독립시킬 수 없는 부모님에게도 안정감을 줍니다.

수면의 경우에도 마찬가지입니다. 같은 방에서 다른 침대에 분리되어 자게 하고, 주말을 이용해 낮잠을 아이 침대에서 자게 하고, 그다음 밤 시간에 아이의 방에서 부모가 함께 자 보고, 처음에는 재워주다가 서서히 부모가 발을 빼는 방식으로 연습할 수 있습니다. 한 번에 하려고 하면 아이의 불안이 높아지고 더욱 강하게 거부하는 역효과가 발생합니다. 다른 아이가 독립을 했다고 해서 우리 아이도 같은 방법으로 하는 것이 아니라 아이가 현재 의존하고 있는 상태를 정확히 파악해 시작점으로 삼아 천천히 접근해야 합니다. 인내심을 무척이나 요구하는 지루한 단계로 느껴질 수 있지만, 한 번 성공하면 비슷한 방식으로 다른 영역의 독립에도 적용할 수 있습니다. 조급한 마음을 내려놓고 아이의 자리에서 시작해보세요.

## 아이가 등하교 독립, 수면 독립이 되지 않는다면?

**1 ▸ 가장 중요한 독립이 무엇인지 우선순위를 정해야 해요**

- 다양한 도전을 한꺼번에 해야 하면 에너지가 분산되고 아이에게 부담이 됩니다.

- 수면 분리는 보통 크면서 자연스럽게 이루어지므로 우선순위에 대해 객관적으로 생각해 보세요.

**2 ▸ 아이가 구체적으로 두려워하는 것이 있는지 확인해 보세요**

- "학교를 혼자 가야 할 때 뭐가 제일 무서워?"

- "무엇 때문에 ○○가 혼자 자는 것이 무서울까?"

**3 ▸ 점진적으로 독립하도록 인내심을 가지고 시도해 주세요**

- 같은 방에서 따로 자기 → 낮잠을 아이 침대에서 함께 자기 → 밤에 아이 방에서 함께 자기 → 잠들기까지 함께해주기 → 혼자 자기

- 교문 앞까지 함께 가기 → 교문이 보이는 곳에서 헤어지기 → 엘리베이터 또는 횡단보도(아이가 두려워하는 부분)까지 함께하고 헤어지기 → 전화 통화를 하며 혼자 가보기

# 09

# 불안과 두려움이 많은 특성,
# 선생님에게 공유해도 괜찮을까요?

**Q** 아이를 기관에 보내면서 아이 특성에 대해 적어서 제출하는 종이를 받았어요. 순간 '불안과 두려움이 많은 아이의 특성을 있는 그대로 작성해도 될까?'라는 생각이 들었어요. '아이의 특성을 잘 적으면 선생님이 고려해 주시지 않을까'라는 생각이 드는 한편 '오히려 내가 괜히 아이에 대한 부정적인 말을 적어서 편견만 생기는 것은 아닐까'라는 걱정도 들더라고요. 선생님에게 아이의 특성을 솔직하게 공유해도 되는 건지, 어디까지 부탁해도 괜찮은 건지 궁금합니다.

**A** 아이가 아무리 걱정이 많고 새로운 것을 시작하는 것을 두려워한다 해도 부모가 데리고 있을 때는 괜찮습니다. 아이

를 충분히 기다려줄 수 있고 수용할 수 있지요.

하지만 아이가 다른 사람들을 만나고 함께 지내기 시작하는 시점부터 부모님들의 고민은 본격적으로 시작됩니다. 잠깐 노출하는 외부 활동은 안 하면 그만이지만, 어린이집·유치원이나 학교를 보내는 것은 지속적으로 낯선 타인과 환경을 만나는 일이기에 아이에게 미치는 영향도 큽니다. 그래서 아이가 적응이 더디고 새로운 활동을 쉽게 시작하지 못하며 지나치게 수줍어하거나 울먹이는 행동을 하는 것에 대한 이해를 구하기 위해 '아이의 특성을 미리 설명해야 하는 것은 아닐까'라는 고민을 하게 되지요. 하지만 한편으로는 위 사연과 비슷한 걱정도 생깁니다. '괜히 아이에 대해 잘못 이야기해서 선생님이 편견을 가지면 어쩌지?', '내가 아이를 너무 감싸준다고 생각하지는 않을까?'라는 우려에 쉽게 입을 떼지 못하는 경우가 많습니다. 아이의 이러한 특성, 선생님에게 공유해야 하는 걸까요? 이왕이면 괜한 편견이 생기지 않도록 잘 공유할 수 있는 방법은 없을까요?

## 부모와 선생님은 아이의 불안을 다루는
## 좋은 파트너가 될 수 있어요

선생님이 아이에게 보낼 시선에 대해 고민되는 마음은 이해가 되지만, 그럼에도 불구하고 아이의 특성을 미리 공유하는 것이 훨씬 좋습니다. 아이는 기관에서 부모와 함께 있을 때와 또 다른 모습을 보여줄 수 있습니다. 생각보다 잘 해낼 수도 있고, 가정에서는 문제가 없다고 생각했던 부분을 아이가 힘들어할 수도 있어요. 실제로 제가 상담했던 부모님 중에 불안이 너무 높고 엄마 껌딱지인 아이를 키우는 분이 계셨어요. 아이를 어린이집에 보내는 것이 너무 걱정됐는데, 막상 아이는 헤어질 때는 힘들어하지만, 어린이집에 가서는 즐겁게 활동에 참여한다는 것을 알게 되었어요. 선생님의 관찰을 통해 낯선 활동임에도 불구하고 아이가 좀 더 쉽게 다가가는 자극들의 공통점도 발견할 수 있었어요. 이렇듯 부모가 아이의 모든 측면을 다양한 환경에서 관찰할 수는 없기에, 선생님과의 소통을 통해 아이에 대해 알아갈 수 있습니다.

보통 어린이집·유치원·초등학교 모든 과정에서 아이에 대해 선생님과 공유할 수 있는 기회는 두 번이 있습니다. 하나는 새 학기가 시작할 때 학생 기초 조사서를 적어내는 것이고, 또 다른 하나는 학부모 상담을 활용하는 것입니다. 새 학기에 제출하는 서류에는 아이의 특성을 간단하게 공유하되 구구절절하게 긴 이야기를 남기거나, 지나치게 아이에 대한 우려를 많이 적는 것은 권하지 않습니다. 간단하게 '아이가 새로운 자극이나 환경에 대한 걱정과 두려움이 많은 편이며 적응하는 데 시간이 필요할 수 있다'라든가 특별히 아이가 싫어하는 자극에 대해 남길 수 있습니다. 이때 선생님이 아이에 대해 부정적인 시각을 갖게 될까 봐 걱정되는 마음이 든다면, 부모가 먼저 아이의 장점을 함께 적어주는 것도 좋은 방법입니다. 예를 들어, "아이는 새로운 상황에서 도전하거나 빠른 적응을 어려워하지만, 규칙을 잘 지키고 신중한 특성을 가지고 있습니다"와 같이 표현할 수 있지요. 이러한 표현법은 선생님에게 자연스럽게 아이의 장점을 인지시키는 데 도움이 됩니다. 선생님이 아이의 강점을 스치듯이라도 인지하게 되면 아이에게 한마디라도 좀 더 도움이 되고 긍정적인 언어 표현을 사용해 줄 가능성이 높아집니다.

또한 일 년에 두 번 정도 있는 학부모 상담은 미리 공유드렸던 특성을 어느 정도 보이는지, 또래 관계, 수업 시간, 놀이 시간 등 다양한 상황에서는 어떻게 지내고 있는지 좀 더 자세히 물어볼 수 있는 기회가 됩니다. 게다가 학부모 상담은 직접 기관이나 학교를 방문해서 진행하는 경우가 보통이기에, 부모가 아이의 환경을 직접 살펴볼 수 있는 좋은 기회입니다. 아이의 환경에 대한 자세한 정보를 가지고 있어야 아이가 이야기하는 것을 맥락 내에서 잘 이해할 수 있고, 더욱 잘 공감해 주거나 적절한 도움을 줄 수 있기 때문이에요. 따라서 두 번의 기회를 놓치지 않고 아이에 대한 정보를 많이 얻으세요.

더불어 아이의 특성을 공유하면서 아이에 대한 배려를 부탁할 수도 있습니다. 이때 주의할 것은 가정에서는 나 몰라라 하고 선생님에게만 부탁하거나, 아이를 너무 감싸고 돌며 키운다는 이미지를 주지 않는 것이 필요합니다. 아이가 가장 어려워하는 부분, 이를테면 식사 시간이나 발표에 대한 부분 등에 대해 한두 가지 위주로 공유하면서 "가정에서는 아이가 독립적으로 자신감을 가지고 해나가도록 이런저런 노력을 하고 있습니다. 원에서도 아이가 잘 적응할 수 있도록 부탁드립니다"라고 표현하는 것이 좋습니다. 무작정 우리 아이가 이러니까 기관이나 학교에서 배려해 달라고 하는 것이 아니라 아이의 특성에 대해 공유하며 함께 문제를 해결하도록 협력해 달라는 요청으로서 전달하는 것이지요.

부모님과 선생님은 아이의 불안과 두려움을 다루는 최고의 파트너가 될 수 있습니다. 아이는 자신이 느끼는 걱정이나 거부에 대해 같은 방식으로 반응해 주는 '일치성'을 여러 환경에서 동시에 경험하기에 더욱 빠르게 이해하고 수용할 수 있게 되지요. 설명해 드린 방법을 활용하여 선생님과 잘 공유해 보세요.

## 아이의 특성을 선생님에게 공유할 때는?

1 ▸ 아이의 특성에 대해 선생님과 공유하는 것이 아이의 적응에 도움이 됩니다

– 아이에 대한 편견을 가질까 봐 걱정하기보다는 잘 공유하는 방법을 택해주세요.

– 학부모 상담과 공개수업 등을 통해 아이의 환경에 대한 이해를 높여주세요.

2 ▸ 아이의 긍정적인 측면을 꼭 함께 이야기해 주세요

– 부모님이 긍정적인 부분을 이야기해 주면, 아이를 보는 선생님의 관점에 영향을 줄 수 있어요.

– "아이는 새로운 환경에 적응하는 데 또래보다 좀 더 오랜 시간이

필요해요. 하지만 적응하고 나면 규칙을 잘 지키고 신중한 장점
이 있습니다."

3 ▸ 가정에서는 어떠한 노력을 하고 있는지 꼭 공유하세요

– "가정에서는 아이가 좀 더 빠르게 적응하도록 도와주고 있습니
다.", "아이가 덜 울도록 매일 격려하고 있습니다."

– 아이의 성장을 위해 가정에서도 함께 노력하고 있다는 것을 공유
하며 양해를 구하세요.

## 10

# 새로운 것은 안 하려 하고,
# 늘 비슷한 놀이나 활동만 해요

**Q** 아이들은 놀이를 통해 배운다고 하는데, 우리 아이는 맨날 비슷비슷한 놀이만 반복해요. 스토리도 비슷하고, 가지고 노는 장난감도 거의 바뀌지 않아요. 반복되는 레퍼토리에 부모인 저도 지겨운데 아이는 질리지도 않는 걸까요? 아이에게 문제가 있는 것은 아닌지, 억지로라도 다양한 놀이를 할 수 있게 유도해야 하는지 궁금해요.

**A** 부모님이라면 누구나 "아이는 놀이를 통해 배운다"는 말을 들어보셨을 거예요. 우리는 놀이가 중요하고, 다양한 놀이를 통해 아이의 발달이 골고루 이루어진다는 것을 잘 알고 있습니다. 하지만 때로는 이 부분이 부모님의 마음을 괴롭게 합

니다. 특히 불안과 두려움이 많아서 새로운 활동을 잘 안 하려고 하거나, 매번 비슷한 놀이만 하는 아이를 키우는 부모님은 더욱 그렇지요. '우리 아이는 왜 다양한 놀이를 하지 않을까', '이러다가 우리 아이만 뒤처지는 것은 아닐까'라는 고민을 하곤 합니다.

부모님들의 초조한 마음을 저도 잘 이해합니다. 하지만 우리가 간과하는 것이 있습니다. 놀이는 아이에게 배움의 도구이기 전에 놀이 그 자체로서 중요한 의미를 갖고 있다는 사실입니다. 놀이는 아이의 것입니다. 놀이는 아이의 감정과 생각을 자유롭게 표현하는 공간이자, 스트레스를 해소하고 안정감을 찾는 방법이며, 서로 소통하게 해주는 아이들의 언어입니다. 아이는 자신에게 필요한 놀이를 잘 알고 실행할 수 있는 힘을 가지고 있습니다.

불안과 두려움이 많은 아이들이 비슷한 놀이를 반복하는 것은 새로운 활동이 부담스럽고 스트레스가 되기도 하지만, 반복되는 놀이 자체가 아이에게는 연습이고 안정감을 얻는 행위이기 때문이기도 합니다. 제가 만났던 아이 중에 매일 유치원 버스에 피규어 인형을 태우고, 유치원에 도착하면 피규어를 가지고 내리는 놀이를 하는 아이가 있었습니다. 아이는 이 놀이만큼은 빼놓지 않고 꼭 했지요. 이 놀이는 아이에게 어떤 의미였을까요? 아이에게 이 놀이는 매일 아침 엄마와 헤어져 버스를 타고 유치원에 가는 과정을 놀이로 되뇌며 연습하고 안정감을 얻는 행위였습니다. 특히나 이야기 놀이를 좋아하는 아이들이 많은데, 그 내용을 잘 관찰해 보면 아이가 두려워하는 것을 등장시켜 가두거나 죽이고 결국 영웅처럼 강한 존재가 되는 스토리를 보여줄 때가 많습니다. 현실에서 하기 어려운 것을 놀이를 통해 매일 안전하게 표현하는 거죠. 따라서 아이가 같은 놀이를 반복한다고 해서 너무 걱정하거나 다른 방향으로 바꾸려고만 할 것이 아니라, 아이가 그 놀이를 왜 하는지, 그 놀이 안에 어떤 이야기가 숨어 있는지 잠시 지켜보는 시간을 가져보시길 권합니다.

## 비슷한 놀이에
## 한 가지씩 더해주세요

◦

그럼에도 불구하고 아이의 놀이를 조금씩 확장시켜 주고 싶다면 부모가 보조자로서 아이의 놀이에 참여하거나, 비슷한 놀이에 한 가지씩 변화를 더해보세요. 역할놀이 같은 경우 부모가 아이의 놀이에 참여하면 좋습니다. 이때 부모는 아이가 감독이자 작가로서 만든 시나리오에 들어가서 아이가 시키는 대로 따라가는 역할을 해야 합니다. "우리 뭐할까?", "여기서 어떻게 해야 해?" 등 아이가 의도한 바를 확인하는 질문을 하면 도움이 되지요. 여기서 오해하지 말아야 할 것은 부모가 주도하거나 이야기를 억지로 확장한다고 해서 아이의 놀이가 넓어지는 것이 아니라는 점이에요. 오히려 아이에게 안정감을 주는 놀이를 부모가 빼앗는 꼴이 될 수 있어요. 놀이에 깊이 빠지면 아이가 스스로 더 깊이, 더 멀리 넓혀갈 수 있습니다. 우리는 아이의 생생한 놀이를 위해 적당한 상대가 되어줄 뿐이지요.

더불어 아이가 이미 좋아하는 주제나 방법, 도구 등이 있다면 거기에서부터 새로운 것을 확장해 나갑니다. 예를 들어 아이가 공을 좋아한다면 조금 더 큰 공, 말랑한 공, 농구공 등 다양한 공을 경험하게 해볼 수 있습니다. 아이가 특정 보드게임을 좋아한다면 비슷한 방식의 다른 보드게임을 먼저 해보도록 권할 수도 있습니다. 카드를 쌓는 보드게임을 좋아하는 아이에게 카드 대신 칩을 쌓게 하는 식으로요. 전혀 새로운 것을 제안하기보다는 아이가 편안하게 받아들일 수 있고 자연스럽게 여기는 도구의 확장을 경험하게 해주세요.

## 아이가 늘 비슷한 놀이만
## 하려고 한다면?

1 ▸ 아이는 반복 놀이를 통해 스트레스를 해소하고 안정감을 찾아요

- 놀이를 통해 아이는 마음껏 표현하고 이야기할 수 있어요.

- 아이는 놀이를 반복하면서 일상을 연습하고 안정감을 얻어요.

- 역할놀이나 상상 놀이는 아이가 두려움을 해소하는 또 다른 방법
  이에요.

2 ▸ 아이의 놀이에 보조 참여자가 되어주세요

- "어떤 놀이를 하고 싶어?", "엄마아빠는 어떤 역할을 할까?", "여
  기서 어떻게 해야 해?"

- 놀이의 주도권을 아이에게 주어야 아이는 편안하게 놀이를 확장
  해 갈 수 있어요.

3 ▸ 아이가 좋아하는 것에서 새로운 것으로 조금씩 확장해 주세요

- 아이가 좋아하는 주제와 관련된 활동으로 확장할 수 있어요.

- 아이가 좋아하는 장난감이나 교구와 유사한 다른 것을 제안하며
  확장해 보세요.

# 11

# 너무 무서워해서
# 훈육을 제대로 하기가 어려워요

**Q** 아이를 훈육할 때마다 너무 난처합니다. 훈육을 하려고 제가 표정이나 목소리를 조금만 바꾸어도 아이는 바들바들 떨거나 눈치를 봐요. 그래서 제대로 훈육을 해본 적도 없어요. 이래도 되는 건지 가끔씩 걱정이 됩니다. 다른 부모님들을 보면 각 잡고 훈육도 하고 그러던데, 저는 시작조차 제대로 못할 때가 많네요. 아이와의 관계에서 제가 권위를 너무 많이 잃은 것은 아닐까요? 나중에 정말 필요할 때 훈육을 할 수 없게 되면 어쩌죠?

**A** 아이를 키우는 모든 부모님들에게 가장 어려운 숙제는 '훈육'입니다. 아이의 특성과 별개로 아이의 잘못된 행동에 대해 가르치고 행동 변화까지 만들어내는 일은 정말 어렵지요.

불안과 두려움이 많은 아이들은 위험한 행동을 하거나 규칙을 어기는 일은 별로 없습니다. 그보다는 걱정되거나 두려운 마음에 압도되어 상황 판단을 하지 못하고 떼를 쓰거나, 과도하게 울면서 거부하는 행동 등으로 인해 훈육을 하는 경우가 많지요. 그런데 이런 경우에도 아이를 훈육하기가 참 쉽지 않습니다. 아직 시작도 안 했는데 아이가 지나치게 두려워하거나 울기 시작하면 훈육을 지속하기가 어려워지지요. 결국 훈육을 하기보다는 달래는 방향으로 가게 되는 일이 많습니다. 혹은 원래 잘못한 행동보다는 우는 행동에 초점이 맞춰지면서 처음 목표했던 훈육의 방향이 틀어져버리기도 하고요.

게다가 아이의 우는 소리와 징징거리는 말투는 부모를 감정적으로 굉장히 지치게 만듭니다. 그래서 잘못된 행동에 대해 권위를 가지고 제대로 훈육하는 것이 아니라, 부모의 스트레스가 터져버리면서 화를 내게 되는 경우가 많습니다. 이런 경우 제대로 훈육도 못했을 뿐만 아니라, 아이에게 지나치게 화를 냈다는 죄책감까지 들게 되지요. 훈육은 부모가 해야 하는 의무 사항이며 권위이기도 합니다. 그래서 훈육을 너무 많이 하는 것도 옳지 않지만, 어떤 이유에서든 훈육을 제대로 못하고 있다면 빠르게 문제를 찾아 고쳐야 합니다. 특히 불안과 두려움이 많은 아이에게는 적절하고 일관적인 훈육이 필요합니다. 훈육은 아이에게 있어서 '이렇게 행동해서는 안 된다'라는 기준이 되며, 이런 경계선이 분명하고 예측 가능해야 아이에게 더 안정감을 줄 수 있습니다. 어쨌든 이 선을 넘지 않으면 되는 것이니까요. 부모와 아이의 관계, 아이의 건강한 성장을 위해서는 훈육이 꼭 적절하게 이루어져야 합니다.

## 두려움을 주는 훈육은 피하고, 행동 중심으로 훈육하세요

훈육이 효과가 있으려면 훈육의 내용이 아이에게 잘 전달되어야 해요. 그러기 위해서는 아이가 불필요한 감정에 압도되는 것을 최소화해야 합니다. 흔히 부모님들이 아이에게 겁을 주기 위해 망태 할아버지, 경찰 아저씨 등을 활용합니다. 불안과 두려움을 많이 느끼는 아이일수록 더욱 겁을 먹고 행동이 교정되지요. 하지만 효과가 있는 것처럼 보이는 것은 일시적인 현상일 뿐입니다. '내가 이 행동을 하면 안 되는구나'라는 훈육의 내용이 아이에게 전달되었다기보다는 그냥 '망태 할아버지나 경찰 아저씨가 올까 봐 무서워서' 행동을 멈출 뿐이지요. 그렇기에 이 행동은 금방 다시 나타나거나 또는 다른 유사한 행동으로 바뀌어 이어지지요. 또한 생각하는 의자나 방에서 혼자 생각하게 하기, 구석으로 데려가 훈육하기 등의 방법은 일반적으로 보았을 때는 사용할 수 있는 방법이지만, 어떤 아이들에게는 필요 이상의 불안과 두려움을 느끼게 하는 잘못된 방법이 될 수 있습니다. 예전에 부모교육 강의를 마치고 한 부모님이 질문을 하셨어요. "선생님, 아이가 겁이 많아서 그런지 제가 훈육하려고 방문을 닫을 때마다 고함을 치면서 울어요. 훈육을 할 때는 완전하게 분리된 장소에서 문을 닫고 하는 게 좋다고 해서 그렇게 한 건데, 계속 이렇게 훈육해도 괜찮은 건가요?"라고 이야기하셨죠.

여러분은 어떻게 생각하시나요? 이런 경우 문을 닫고 훈육하는 것이 정말 효과적이라고 할 수 있을까요? 아이가 감정에 압도되면 더 이상의 이야기가 들리지 않습니다. '어떻게 하면 이 무서움을 피할 수 있을까'라는 생각뿐이지요. 두려워서 안아달라고 부모에게 두 손을 뻗기도 합니다. 이런 환경에서는 어떤 훈육도 효과적일 수 없습니다. 누군가가 추천하는 훈육 방법이라고 해도 내 아이가 지나치게 위협을 느끼고, 압도되는 것 같다면 멈추는 것이 좋습니다. 게다가 훈육은 꼭 필요하지만 너무 잦으면 안 하는 것만큼 안 좋은 결과를 가져옵니다. 특히 불안과 두려움이 많은 아이가 어떠한 행동을 했다면, 엄청난 용기를 내서 시도한 것일 거예요. 물론 그렇다고 해서 무조건 다 수용해 주어야 한다는 의미는 아니에요. 다만, 부모 자신이 아이보다 먼저 불안을 느껴 아이의 행동을 습관적으로 통제하고 있지는 않은지, 아이의 행동 범위를 지나치게 좁히고 있는 것은 아닌지를 점검해 보는 게 필요합니다.

더불어 훈육을 해야 하는 상황에서는 아이가 표출하는 감정에 휘말리지 말고, 훈육을 끝까지 마쳐야 합니다. 훈육 시간을 길게 끌고 가는 것은 부모에게 유리하지 않습니다. 아이는 점점 감정적으로 격한 표현을 할 수 있고, 부모는 그런 아이가 안쓰러워 훈육을 중단하거나 스트레스가 터져버리면서 화를 내고 마는 상황이 발생하기 때문이지요.

그렇다면 불안과 두려움이 많은 아이를 훈육할 때 무엇을 주의해야 할까요?

**아이의 감정에 대해 훈육하지 말고 행동에 초점을 두어 훈육하는 것이 중요합니다.** 객관적으로 생각해 본다면 아이가 걱정하거나 두려움을 느끼는 감정이 잘못된 것은 아닙니다. '이 두려운 상황을 벗어나고 싶다'는 욕구나 '처음 하는 것은 위험한 거야'라는 잘못된 생각이 아이로 하여금 불안과 두려움의 감정을 자동적으로 느끼게 하니까요. 따라서 아이에게 뭐가 그렇게 무섭냐고, 왜 쉽게 하는 것이 없냐고 훈육하는 것은 바꿀 수 없는 부분을 훈육하는 것과 다름없어요. 훈육은 아이가 표현하는 감정 뒤에 있는 욕구나 생각을 읽어주고, "그럼에도 불구하고 이러한 행동으로 표현해서는 안 돼"라는 행동에 초점을 두어야 합니다. 특히 아이가 불안과 두려움을 과도한 울음이나 떼쓰기, 소리 지르기, 드러눕기와 같은 방식이 아닌 '언어'로 표현하도록 훈육해야 합니다. 언어 표현은 그 자체가 감정을 조절하는 행동이거든요. 다만 "울지 말고, 떼쓰지 말고 말로 하는 거야"라는 훈육은 아이의 행동 변화를 이끌어내기에 효과적이지 않습니다. 아이는 어떤 말로 자신의 욕구에 맞게 말해야 하는지 잘 모르기 때문이지요. 따라서 상황의 앞뒤를 살펴보며 아이가 원하는 것 또는 가지고 있는 잘못된 생각을 먼저 파악하고, 그것을 표현하는 언어를 구체적으로 알려주어야 합니다. 예를 들어, 아이가 자신이 원하는 것을 빼앗길까 봐 친구가 다가오면 소리를 지르거나 울음을 터트릴 수 있어요. 이런 상황에서 부모는 아이에게 "울거나 소리 지르지 않아. 그 대신 '이건 내 거니까 만지지 마'라고 말하는 거야"라고 안내해 주어야 합니다. 훈육은 이유 없는 "안 돼, 하지 마"라는 외침이 아닙니다. 아이가 어떠한 행동을 하는 맥락을 찾아내고 "안 돼!"라고 금지한 뒤, 대안 행동을 함께 제시해 주어야 완성되는 것이지요.

마지막으로 아이에게 "안 돼"라고 금지해야 할 때는 정확하게 표현하는 것이 좋습니다. 아이가 너무 위축될까 봐, 미안해서 또는 부모 자신이 "안 돼"라는 말을 하기 어려워서 등 다양한 이유로 부모님들이 아이에게 정확하게 제한하는 것을 어려워합니다. 훈육은 협상하거나 부탁하는 것이 아닙니다. 예를 들어 "이렇게 해줄래?", "이렇게 하면 이렇게 해줄게"는 아이에게 가르치는 행동이라고 볼 수 없지요. 이런 금지의 말이 부담스럽게 여겨지는 부모님이라고 해도 정확하게 "안되는 행동이야", "할 수 없어"라고 말하는 연습을 해야 합니다. 특히 아이들은 시각적인 자극을 함께 주면 좋기에 두 팔로 엑스(X)를 만들어 함께 보여주거나, 아이가 지금 하고 있는 행동을 멈추고 진정하도록 두 팔을 잡고 약간의 힘을 느낄 수 있게 하는 것도 훈육의 효과를 높이는 데 도움이 됩니다. 아이가 가지고 있는 특성이 부모의 마음을 약하게 만들거나 또는 지치게 만들 수 있지만 그럼에도 불구하고 '정확하게 제대로 실행되는 훈육'은 아이에게 더욱 안정감을 준다는 사실을 잊지 마세요.

## 겁이 많은 아이, 단호하게 훈육하는 것이 어렵다면?

**1 ▸ 아이에게 두려움을 주는 훈육 방법은 피하세요**

- 아이가 필요 이상의 두려움을 느끼게 하는 훈육 방법은 효과가 없어요.

- 두려운 대상(망태 할아버지, 경찰 아저씨)을 사용하는 방법은 아이의 불안을 더욱 증폭시켜요.

**2 ▸ 아이의 감정이 아닌 행동에 초점을 두고 훈육해요**

- 아이에게 왜 무서워하냐고 혼내는 것은 실제 변화를 만들어내기 어려워요.

- 두려운 마음은 공감해 주되, 표현 방식에 초점을 두고 훈육하세요.

**3 ▸ 정확하고 단호한 훈육이 아이에게 안정감을 줄 수 있어요**

- "안 되는 행동이야.", "할 수 없어." 두 팔로 엑스(X) 만들기 등 명확하게 금지하세요.

- 정확한 규칙과 제한이 없으면 아이는 어디까지 행동해도 되는지 몰라서 더 큰 불안함을 느껴요.

# 12

# 하고 싶어 하면서도 무섭다며
# 변덕 부리는 아이, 어떻게 할까요?

**Q** 아이는 불안과 두려움만 많은 것뿐만 아니라 고집이 세고 변덕도 심합니다. 이를테면 하고 싶다고 해서 데려가면 무섭다고 안 하겠다고 합니다. 화는 나지만 꾹 참고 그럼 나중에 다시 하자고 하면 아이는 다시 하고 싶다고 난리를 부립니다. 이런 상황을 자주 겪다 보니 아무리 부모여도 너무 화가 납니다. 도대체 우리 아이는 왜 그러는 걸까요? 아이가 원하는 것이 무엇인지 도저히 모르겠어요. 어떻게 해줘야 하는 건가요?

**A** 새로운 자극이나 환경에 대한 반응은 아이마다 각각 다릅니다. 어떤 아이들은 새로운 자극에 대한 호기심이 많고 행동으로 빠르게 실행하는 모습을 보이는 반면, 또 다른 아이들은

낮선 것을 해야 할 때 높은 긴장과 불안, 두려움을 느끼고 순간적으로 위축되는 모습을 보입니다. 무엇이 더 좋고 나쁘다가 아니라, 아이마다 가지고 있는 특성에서 시작되는 반응이 다른 것이죠. 그런데 이렇게 단순하게 호기심이 많은 아이와 불안이나 두려움이 많은 아이로만 구분되는 것은 아니에요.

**위험회피나 자극추구 성향에 따른 아이의 기질 유형**

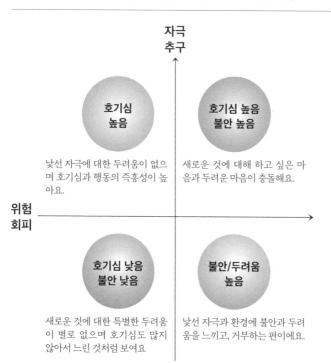

## 호기심과 불안/두려움이
## 둘 다 별로 없는 아이들

◦

이 아이들은 새로운 자극이나 환경을 만났을 때 지나치게 흥분하거나 신나하지 않습니다. 엄청난 호기심이나 열정이 생기지 않기 때문이에요. 그래서 불안하고 두려워하는지를 관찰해 보면 또 그렇지도 않습니다. 그냥 덤덤한 반응을 보인다고 할 수 있어요. 부모 입장에서 보았을 때는 즐거워 보이지 않거나 또는 약간 행동 반응을 느리게 하는 것처럼 보이는 아이들이 이 경우에 해당합니다. 자신이 좋아하는 것을 알고 행동으로 옮기기까지 시간이 좀 더 필요한 아이들이지요.


## 새로운 자극에 대한 호기심과 불안/두려움을
## 동시에 느끼는 아이들

◦

이 경우 전혀 반대처럼 보이는 양가적인 마음이 동시에 아이에게 있습니다. 예를 들어 아이와 외출을 했는데 쇼핑몰에서 아이들을 위한 재미있는 행사를 합니다. 이때 아이는 해보고 싶은 마음이 들어요. 그런데 동시에 불안하고 두려운 마음

도 느낍니다. 그래서 아이는 "무서워서 못하겠어, 안 할래"라고 말할 거예요. 부모님은 아이에게 공감하고 존중해 주어야 한다고 생각하기에 "그래, 무서우면 안 해도 돼"라고 말하지요. 하지만 아이는 여기에서 끝나지 않고 계속 미련을 보이며 하고 싶다고 끝을 흐립니다. 하고 싶다고 했다가 안 한다고 하고, 안 하겠다고 하다가 갑자기 하겠다고 하는 변덕스러운 행동을 보이지요. 아무리 부모여도 맞춰주는 것에는 한계가 있다 보니 "도대체 어쩌라는 거야! 네 마음대로 해!"라고 윽박 지르기 딱 좋은 상황입니다.

　단순히 불안과 두려움이 많다고 생각했던 아이들 중에 이렇게 상반되는 특성이 동시에 있는 아이들도 있습니다. 아이에게 문제가 있다기보다는, 변덕을 부리는 것처럼 보이는 행동의 이유 중 하나가 바로 아이의 양가적인 기질 특성일 수 있다는 것을 기억하세요.


## 아이가 자신의 양가적인 마음을
## 인지할 수 있게 도와주세요

○

　양가적인 반응을 보이는 아이에게는 어떻게 반응하고 도와주어야 할까요? 그냥 무조건 오냐오냐 받아줄 수도 없지만, 혼을 내자니 아이도 참 복잡하고 마음이 힘들겠구나 싶지요. 우리는 불안과 두려움을 느끼면서도 동시에 하고 싶은 마음을 가지고 있는 아이는 '무엇을 배워야 할까?'에 대해 생각해 보아야 합니다.

　먼저 아이는 자신의 양가적인 마음을 스스로 인지할 수 있어야 합니다. 부모님도 아이의 마음을 이해하기 어렵지만, 가장 이해하기 어려운 사람은 아이 자신이에요. 아이는 자신의 마음을 객관적으로 바라보고, 인지하는 연습이 충분히 되어 있지 않아요. 그래서 '내가 지금 하고 싶은데, 두려운 마음도 있구나'라는 사실을 알지 못하지요. 이런 아이에게 공감한다면서 "무섭구나"라고 이야기하면, 아이의 진짜 마음과 일치하지 않게 됩니다. 아이는 "그게 아냐!"라고 하거나 "엄마 아빠는 (내 맘도 몰라주고) 미워!"라고 표현할지도 모릅니다.

아이는 내 마음 안에 전혀 반대되는 마음이 있다는 것, 즉 내가 지금 하고 싶으면서도 두려워서 망설인다는 것을 자주 인식하는 것이 좋습니다. 그래야 비슷한 상황마다 자신의 마음을 알아차리고 어떤 것을 선택할지 더 빠르게 결정할 수 있어요. 예를 들어, 아이가 쇼핑몰에서 하는 이벤트 활동을 하겠다고 했다가 안 하겠다고 하며 변덕을 부리는 상황이라면, 부모님은 아이에게 "○○가 되게 해보고는 싶은데, 막상 하려니까 잘못될까 봐 걱정이 되는 것 같네?"라고 마음을 읽어줄 수 있어요. 아이의 마음에 좀 더 세밀하게 맞닿아 보는 것이지요. 이러한 방식의 마음 읽어주기는 상황이 주어질 때마다 자주 해줘야 합니다. 아이는 이러한 자신의 마음과 함께 계속 살아가야 하니까요.

그러고 나면 아이가 자신의 마음 무게를 잴 수 있도록 도와주세요. 아이가 선택할 수 있게 좋은 질문을 해주는 것이지요. 예를 들어, "하고 싶은 마음과 무서운 마음 중에 지금은 어떤 게 조금 더 클까? 한번 생각해 볼까?"라고 말할 수도 있고 동그라미로 그려보거나 숫자(10점 만점)로 표현해 보게 할 수도 있습니다. 이 점수의 높낮이는 상황마다 다를 거예요. 어떨 때는 하고 싶은 마음이 더 크고 반대로 어떨 때는 두려운 마음이 더 크겠지요.

그러고 나면 그 선택이 무엇이든 좀 더 안전한 마음으로 할 수 있게 도와줍니다. 간혹 부모님들 중에 앞 단계까지는 잘하고, 선택을 할 때 짜증나는 마음을 참지 못하고 "그래, 네 마음대로 해!", "계속 이렇게 변덕 부릴 거면 다음부터는 하고 싶다고 하지 마!"라고 이야기하는 경우가 있는데, 다정하지 않은 말투까지 합쳐진다면 이는 아이를 더욱 두렵고 불안하게 만듭니다. 변덕 부렸다고 혼 날까 봐 새로운 시도를 아예 안 하려 할 수 있어요. 또는 "오늘은 두려운 마음이 더 크니까 구경만 해보자, 하지만 네가 언제든 하고 싶다고 하면 다시 올 거니까 안심해"라고 이야기해 주세요. 지금 포기해도 기회가 있다는 것을 아는 것과 모르는 것은 아이의 선택에 큰 차이를 주지요.

마지막으로 이 모든 과정에서 아이에게 보다 적극적인 도움을 제안해 볼 수도 있습니다. "만약에 엄마아빠가 어떤 부분을 도와주면 (또는 설명해 주면) 네가 용기가 날까?"라든가 "어디까지 같이 해주면 그다음에 혼자 해볼 수 있을까?", "어디서 ○○가 하는 것을 지켜봐줄까?" 등의 질문을 할 수 있어요. 이런 질문과 함께 제공되는 적절한 도움은 아이로 하여금 '내가 용기를 내기 위해서는 어떤 도움이 필요한지', '내가 도움받을 수 있는 자원은 무엇인지' 반복적으로 깨닫게 합니다. 자신의 감정을 인지하고 제대로 표현하는 데 미숙한 시기에는 모든 것에 변덕을 부리던 아이가 점차 자신이 원하는 것이나 마음 상태를 깨닫고 그것을 다루는 방법을 배우고 조절해가는 과정이 되는 거죠.

## 무섭지만 하고 싶어서 변덕을 부리는 아이에게는?

**1 ▸ 아이의 양가적인 특성을 이해하고 공감하세요**

- 불안하고 두려우면서 동시에 새로운 자극과 환경에 대한 호기심을 가질 수 있어요.
- 단순히 불안하고 두려운 것이 아니라 양가적인 특성을 가진 아

이에게는 이 특성에 맞는 공감과 지원이 필요해요.

2 ▶ 아이가 자신의 양가적인 마음을 알 수 있게 해주세요

– "신기해서 해보고 싶은데 무서운 마음이 드는구나?", "걱정되
는데 그래도 도전을 해보고 싶은 거구나?" 아이의 양가적인 마
음을 공감해 주세요.

3 ▶ 선택할 수 있도록 아이를 지원해 주세요

– "오늘은 우선 지켜만 볼까?", "언제든 네가 도전하고 싶다면 기
회를 다시 줄 수있어." 선택에 대한 부담감을 줄여주세요.

– "만약 엄마아빠가 어떤 도움을 주면 네가 용기가 날까?", "어디
까지 도와주면 그다음을 해볼 수 있겠니?" 아이가 원한다면 도
움을 요청할 수 있다는 것을 알려주세요.

## 13

# 혹시 상담센터나
# 소아정신과를 가봐야 할까요?

**Q** 아이는 수시로 걱정하고 무서워합니다. 주변에서 종종 아이를 상담센터에 데려가 보라는 말을 해요. 그래서 한 번 데려가 볼까 하다가도 괜히 문제를 키우는 것은 아닌가 싶기도 합니다. '그냥 기다리면 천천히 좋아진다'라고 이야기하는 사람들도 있고요. 하루에도 열두 번씩 아이를 상담센터에 데려가야 하나 말아야 하나 갈팡질팡합니다. 진짜 아이를 전문가에게 데려가야 할까요? 상담을 받아야 하는 특별한 기준이라도 있을까요?

**A** 불안과 두려움이 많은 아이를 양육하는 부모님들께 진심으로 도움을 드리고 싶어 많은 고민을 하며 이 책을 썼습니다.

그러나 이 책이 아이의 모든 불안과 두려움을 전문가 도움 없이 무조건 부모님이 해결할 수 있는 것으로 잘못 전달되지 않을까 하는 걱정도 됩니다. 아이의 불안과 두려움을 도와주기 위해 부모로서 실행할 수 있는 다양한 방법이 있습니다. 그렇다고 해서 "아이는 무조건 괜찮아질 수 있으니 부모가 해결하면 된다"라는 의미는 아닙니다. 부모의 도움만으로도 서서히 좋아하는 아이들이 더 많지만, 종종 전문가의 도움이 필요한 경우도 있습니다. 그렇다면 어떤 경우에 전문 상담센터를 찾아가야 할까요?

## 전문가의 도움이
## 필요할 때의 판단 기준

그렇다면 '지나친 불안/두려움'이라는 것은 어떻게 판단할 수 있을까요? 부모님들의 상황에서 약간의 관찰을 통해 파악할 수 있는 몇 가지 기준을 설명해 드릴게요.

첫 번째는 아이가 새로운 환경에 적응해야 하는 상황이라면 적어도 한 달은 앞에서 설명한 여러 방법들로 도움을 주며 기다려보아야 합니다. 민감한 아이일수록 작은 변화에도 영향을 받을 수 있으며 아이들은 발달상 사전경험과 지식은 부족하고 상상력은 풍부합니다. 그래서 어느 정도 혼란스러운 시기를 겪는 것은 당연합니다. 전문가들도 아이가 새로운 환경에 적응 중인 기간이라면 이 지점을 고려하여 쉽게 판단하거나 진단을 내리지 않습니다. 심지어 선택적으로 말을 하지 않는 선택적 함구증인 경우에도 아이가 새로운 환경에 적응하는 기간이었다면 기준에서 한 달 정도를 제외합니다. 정상적인 과정일 수 있다는 가능성을 염두에 두는 것이지요.

두 번째는 아이가 갑작스럽게 무언가를 경험했다면 그 자극이 사라지고 상황이 바뀐 후 어떠한지를 살펴보아야 합니다. 보통은 그 상황이 해결되면 점점 누그러지고 괜찮아져야 합니다. 그런데 불안을 야기한 자극이나 상황이 사라진 후에도 여전히 강한 강도로 울고 힘들어한다면 아이에게 자극이 과도하게 남아 있는 것입니다. 예를 들어, 아이가 강아지를 무서워하면 강아지를 갑자기 만났을 때 무서워하며 울고 흥분할 수 있어요. 하지만 부모가 달려주고 그 자리를 피하거나 강아지가 사라지면 아이는 점점 평온을 되찾아야 합니다. 만약 아이가 여전히 같은 강도로 또는 더 심하게 울며 힘들어한다면 누구보다 아이가 제일 괴롭습니다. 이런 경우 전문가를 만나 상담과 놀이치료를 통해 도움을 받는 것이 좋습니다.

세 번째는 아이가 불안과 두려움으로 인해 '기능'이 제대로 안 되고 있는지를 확인해 보아야 합니다. 전문가들이 사용하는 정신과 관련된 진단 매뉴얼(미국정신의학협회에서 발행한 정신질환 진단 및 통계 매뉴얼, DSM-5)을 보면, 거의 모든 진단 준거에 빠지지 않는 것이 바로 '정상적인 기능'에 문제가 생겼는가입니다. 배워야 할 것을 전혀 배우지 못하거나 기관이나 학교를 절대로 갈 수 없을 정도로 불안이 감당이 안 되는 경우, 새로운 자극이나 상황이 발생하지 않았음에도 불구하고 늘 불안이 전반적으로 있으며 이로 인해 주의집중이 안 되거나 눈맞춤 등의 정서 교감이 잘 안된다면 주저하지 말고 전문가에게 가야 합니다. 식사, 수면과 같은 기본적인 일상생활이 잘 되지 않는 상황이 지속되거나 아직 학문적으로 인과성이 뚜렷하지 않다 해도 틱/함구 등의 분명한 신호가 발견된다면 아이가 강하게 도움을 요청하고 있는 것입니다. 이 정도 상황이라면 부모님은 본능적으로 알 수 있습니다. 특히 아이가 불안과 두려움으로 인해 과도한 공격적인 행동을 하거나 자해 등의 행동을 보인다면 더욱 빠르게 전문가를 찾아야 합니다. 아이가 불안과 두려움에 더욱 깊이 압도되어 발달에 심각한 영향을 주기 전에 빨리 전문가를 만나는 것이 좋습니다.

마지막으로 부모 스스로가 불안과 두려움을 충분히 다룰

수 없을 때, 그리고 불안과 두려움이 많은 아이를 돕는 방법을 적용할 수 없고 감당이 되지 않을 때는 전문가의 도움을 받아야 합니다. 불안과 두려움이 많은 아이를 가장 직접적으로 분명하게 도와줄 수 있는 가장 가까운 사람은 대개 부모님입니다. 그런데 부모 스스로가 이미 불안과 두려움에 압도되어 있다면 어떨까요? 아이에게 적절하게 공감하고 기다리고 도움을 주기가 어려울 거예요. 내 마음 하나 감당이 안 되는데 아이에게 도움을 준다는 것은 거의 불가능하다고 볼 수 있지요. 그래서 부모가 먼저 나 자신과 아이를 위해 전문가를 먼저 찾아야 합니다. 이런 경우 아이도 중요하지만 부모가 먼저입니다. 또한 부모가 불안해서가 아니더라도 이 책을 통해 배운 내용을 아이에게 적용하는 것이 어려운 경우가 있습니다. 글로 배우는 것은 한계가 있고, 아이마다 특성이나 불안의 강도가 조금씩 다르기 때문에 막막하다면 전문가에 직접 배우는 것도 적절하고 용기 있는 결정이 될 수 있습니다.

아이를 데리고 전문 상담센터에 방문한다는 게 쉬운 일은 아닙니다. '아이에게 낙인을 주는 것은 아닐까'라는 불안도 생기고, 비용이나 과정 자체가 낯설어 부모에게 부담이 될 수 있지요. 또 '얼마나 다녀야 하는 걸까?'라는 막연함이 전문가

267

에게 갈 수 없게 만들기도 합니다. 하지만 전문가를 만나는 것은 꼭 어떠한 '진단'을 내리기 위해서가 아니라, 빠르게 아이를 도와줄 수 있는 '지름길'이라고 생각하는 것이 좋습니다.

소아정신과를 방문하는 것이 부담된다면 상담센터나 놀이치료센터부터 가봅니다. 치료라는 단어가 부모님들을 두렵게 만들 수 있는데, 아이들과 하는 상담은 언어로 충분히 전달되기 어려워 대개 놀이나 미술 등을 통해 접근합니다. 아이에게 놀이를 통해 말을 걸고, 용기를 주며, 연습하도록 돕고, 지지하는 과정을 부모 말고 또 다른 대상이 함께해주는 것이지요. 더불어 좋은 상담센터라면 보통 상담을 시작하기 전 전체적으로 몇 회기 정도를 진행하며 어떤 목표로 아이를 만나는지 공유해 줍니다. 부모님이 시작과 진행 과정에서 궁금한 부분이 생긴다면 언제든 질문하는 것이 좋습니다. 마지막으로 비용은 상담센터에 따라 차이는 있으며, 사설 상담센터 외에도 지역마다 있는 육아종합지원센터나 복지관 등을 통해서도 좋은 전문가들을 만날 수 있으니 지역 내 기관을 알아보는 것도 부담 없이 시작할 수 있는 적절한 방법입니다.

## 아이가 어떤 행동을 보이면 전문가를 찾아야 하나요?

1) 아이를 불안하고 두렵게 만드는 자극이 사라졌는데도 아이가 쉽게 진정하지 못할 때

2) 식사, 수면, 배변, 등원/등교 등 일상생활에 어려움이 생길 때

3) 정서적 교감이 잘 되지 않고 특별한 일이 없어도 불안한 행동을 계속 보일 때

4) 틱이나 선택적 함구 같은 구체적인 증상이 나타날 때

5) 불안과 두려움으로 인해 과도한 공격성을 표출하거나 자해 등을 보일 때

6) 아이만큼 부모 또한 불안을 다루기 어려울 때


## 전문가를 어떻게 만나야 하나요?

1) 아이의 불안과 두려움을 다루어주는 방법이 실제 상황에서 잘 적용되지 않는다면 직접 전문가에게 배우는 것이 효과적이에요.

2) 전문가를 만나는 것은 꼭 진단 때문만이 아니라, 아이에게 빠르고 효과적인 도움을 주기 위한 방법이에요.

3) 놀이치료는 놀이를 통해 아이와 대화를 나누고, 구체적인 도움을 주는 상담 방법입니다.

4) 사설 상담센터에 대한 부담이 있다면 지역 내 육아종합지원센터, 복지관 프로그램을 이용할 수 있어요.

# Part 4

불안이
많은 아이,
건강하게
키우기

불안과
두려움,

아이의 강점이
될 수 있을까요?

지금까지 아이가 느끼는 불안과 두려움의 원인이 무엇인지 그리고 아이가 잘 성장할 수 있도록 어떻게 도울 수 있을지 살펴보았습니다. 모든 아이들은 정상발달과정에서 불안과 두려움을 보이지만, 또래보다 조금 더 불안과 두려움을 많이 느끼는 아이들이 있습니다. 이런 경우 공감과 기다림을 통해 아이의 감정을 잘 수용해 주고, 아이에게 불안과 두려움을 느끼게 하는 왜곡된 생각들을 조금씩 바꾸어 가는 전략적인 육아 방법이 필요합니다.

하지만 여전히 부모님들의 마음속에는 '그래도 불안과 두려움이 많은 아이는 세상을 살아가면서 너무 불리하지 않을까?', '아이가 평생 이렇게 살면 너무 힘들지 않을까?'라는 걱정이 있을 수 있습니다.

맞습니다. 불안과 두려움은 아이가 살아가는 내내 자주 찾아올 수 있고, 때때로 아이들을 주저하게 만들고 힘들게 할 수 있습니다. 저 역시 아이를 키우는 내내, 걱정과 죄책감 사이를 계속 오가곤 했어요. 어떤 날에는 불안해하는 아이의 마음이 이해가 되어 안쓰럽다가도, 아이가 울고불며 칭얼거리는 날에는 '왜 너는 그냥 수월하게 넘어가는 것이 하나도 없니'라는 푸념이 절로 나왔지요.

그럼에도 불구하고 어느 날 문득 뒤돌아보면, 아이는 확실히 달라지고 성장해 있었습니다. 그리고 아이의 불안과 두려움을 다루어주기 위해 들려주었던 이야기들은 어느새 아이의 것이 되어 있었지요. 부모로서 그리고 전문가로서 많은 아이들의 불안과 두려움을 마주하며 확실하게 알게 된 것은, 부모는 아이의 불안과 두려움을 완전히 제거할 수는 없지만 아이가 이러한 감정과 잘 살아갈 수 있도록 돕는 매우 중요한 존재라는 점이었습니다.

# 불안과 두려움은
# 아이의 자원이 될 수 있습니다

우리는 무의식 중에 불안이나 두려움은 좀 더 부족하고 약한 사람이 더 많이 느낀다고 생각합니다. 또한 불안이나 두려움과 같은 감정을 자주 느끼는 것은 안 좋다고 여겨 빨리 제거해야 한다고 자연스레 생각하기도 하지요. 아이를 바라보는 부모의 걱정과 초조함은 이러한 생각에서 출발하는 경우가 많아요. 그런데 불안이나 두려움은 무조건 부정적인 것만이 아니며 누구나 느끼는 감정입니다. 또한 삶을 살아가는 동안 특정 시기나 사건에 의해 불안이나 두려움에 압도되는 경험 역시 모두에게 충분히 일어날 수 있는 일이지요.

우연히 BTS 리더인 RM의 인터뷰에서 '불안'이라는 단어를 발견한 적이 있습니다. 많은 사람들 앞에서 UN 연설을 하고 훌륭한 리더십을 보여주는 RM조차 음원이 공개되는 날이 되면 욕을 먹거나 사람들이 싫어할까 봐 불안해서 인터넷조차 할 수 없을 때가 많았다고 해요. 저는 이 사실이 놀라웠어요. 당시 RM은 '불안을 느끼지 말아야겠다'고 생각해 오히려 불안을 다루기가 너무 힘들었다고 해요. 그래서 불안과 잘 지낼 방법을 고민하며 안식처를 마련하고, 다른 것에 집중하고자 노력했다고 합니다. 음악은 그런 RM에게 친구이며, 성취 그 자체였겠지요. RM이 원래 불안과 두려움이 많은 사람인지 아닌지는 알 수 없지만, 점점 영향력 있는 자리에 서게 되면서 더 많은 불안과 두려움을 가져온 것은 분명했을 거예요. 하지만 RM에게 있어 이러한 불안과 두려움은 오히려 강점으로 더 많이 작용했던 것 같습니다. 무언가를 계속 읽고, 탐구하며 자신의 사고체계를 세워온 힘 그리고 음악에 대한 몰두와 안정적인 리더십은 불안과 두려움이 있기에 가능했던 것으로 보이거든요.

영화 〈기생충〉의 봉준호 감독은 많은 사람들이 이미 알고 있는 것처럼 '높은 불안과 함께하는 사람'입니다. 봉준호 감독은 어느 인터뷰에서 "나는 불안을 친구처럼 오랜 세월 안고 살아왔다"라고 말하며, 그래서 자신은 그 누구보다 불안이라는 감정을 작품에서 잘 그려낼 수 있는 감독이라고 했어요. 그는 불안한 감정과 강박적인 사고를 작품에 완전히 몰두하는 데 사용하며 최대한 작품으로 표출한다고 해요. 함께 일하는 배우, 스태프들이 입을 모아 이야기하는 천재적인 창의성과 디테일, 완벽함은 이러한 불안에서 시작된 것이라고 볼 수 있지요.

## 불안과 두려움이 높은 기질이
## 어떻게 강점이 되나요?

RM이나 봉준호 감독에게만 적용되는 이야기일까요? 불안과 두려움은 우리가 가지고 있는 이미지와는 달리, 그 자체로서 많은 강점을 가지고 있습니다.

첫째, 불안과 두려움이 많은 사람은 신중합니다. 새로운 자극이나 환경을 만났을 때 최대한 상황을 파악하고, 신중하게 접근하기 위해 많은 정보를 수집하며 심사숙고해요. 시작이 느려 답답하게 보일 수 있지만, 한 번 시작하고 적응을 하면 누구보다 안정감 있게 지속하는 힘이 있지요. 특히 불안과 두려움도 많지만 호기심이나 에너지도 많은 경우라면 시작한 이후에는 굉장히 열정적으로 달려드는 모습을 보이기도 해요. 두 가지 특성의 강점이 만났을 때 안정적인 시작과 열정적인 지속이라는 시너지를 만들어내는 것이지요.

둘째, 불안과 두려움 특성이 많은 사람은 여러 상황에 대처하기 위한 다양한 방법과 계획을 미리 준비하는 강점이 있습니다. 스스로 느끼는 불안함을 다스리기 위해서 한 가지 상황에 대한 한 가지 방법만 마련하지 않아요. '만약에 A가 안 되면 어떻게 해야 할까?'라는 전제가 늘 존재하지요. 불안과 두려움이 많은 사람은 '만약'을 위한 대비, 플랜 B가 언제나 준비되어 있습니다. 그래서 이런 사람과 함께 무언가를 하는 것은 굉장히 안정적이지요.

셋째, 불안과 두려움은 문제해결력을 높입니다. 불안과 두려움은 어떠한 상황을 다른 사람보다 민감하게 관찰하고 받아들이게 해요. 이러한 특성으로 인해 더 많은 불편함을 경험할 수 있지만, 대신 '불안과 두려움을 야기하는 문제 상황을 해결하고 싶다. 어떻게 해결할 수 있을까?'라는 관점을 가지고 있거든요. '불안을 주는 상황을 통제하고 싶다는 욕구'가 무언가를 해결하는 능력으로 발현되는 것입니다.

넷째, 불안과 두려움은 성취의 원동력이 됩니다. RM과 봉준호 감독에 대한 이야기에서도 공통적으로 나타난 것이 바로 이 부분이에요. 불안과 두려움을 잘 다루는 사람은 이 감정을 느끼지 않기 위해 애쓰기보다는, 이 에너지를 다른 성취 영역으로 옮기는 것에 몰두합니다. 이런 특성의 사람들은 다른 사람들보다 훨씬 디테일하고 완벽한 결과를 가져오지요. 불안과 두려움을 섬세하게 느끼고 다룰 수 있다는 것 자체가 깊이 있는 결과물을 만들어내는 원동력이 되는 셈입니다.

물론 우리 아이들은 아직 이러한 강점들이 뚜렷하게 보이지 않을 수 있어요. 실제로 강의나 상담에서 "아이들의 강점

이 무엇일까요?"라고 질문하면, 유독 불안과 두려움이 많은 아이를 키우는 부모님들이 대답을 잘 못하는 경우가 많습니다. 앞에서 언급된 장점보다는 느리고 소심하며 징징거리고 답답한 아이의 특성이 더욱 부각되고 치명적인 단점으로 느껴지기 때문이지요. 특히 영유아기에서 초등학교 저학년 연령까지는 충분히 그렇게 느낄 수 있어요. 아직 아이가 자신이 느끼는 불안과 두려움을 잘 다룰 수 없고, 어떻게 표현하고 해결해야 하는지 방법을 잘 알지 못하는 발달과정 중에 있기 때문이지요. 하지만 우리는 아이에 대한 시선을 좀 더 넓혀야 합니다. 지금 아이가 가지고 있는 특성이 잘 다듬어지고 스스로 어떻게 행동해야 하는지, 불안과 두려움을 스스로 다룰 줄 알게 되면 '이런 멋진 부분으로 발현될 수 있겠구나!', '우리 아이에게 이런 숨겨진 강점이 있구나!'라고 생각해 보아야 합니다. 아이를 바라보고 대하는 부모의 관점이 아이에 대한 태도로 나타나기 때문입니다.

## 아이는 불안과 두려움에 대해
## '선택'할 수 있어야 합니다

불안과 두려움이 많은 아이에게 가장 중요한 것은 '선택하는 힘'입니다. 여러 번 강조했듯 아이가 불안과 두려움을 느끼지 않도록 도와주거나 감정을 제거하는 것은 불가능합니다. 불안을 한꺼번에 많이 느끼지 않도록 환경을 조절해 줄 수는 있지만, 이 또한 불안과 두려움을 안 느끼게 한다기보다는 견딜 수 있는 힘을 키울 수 있도록 충분한 시간과 기회를 주는 방법이지요. 불안과 두려움은 본능적이며 즉흥적으로 나타나기에 부모가 개입할 시간이 충분하지 않아요. 그렇기에 부모가 할 수 있는 역할은 불안과 두려움을 느꼈을 때 아이가 어떻게 행동할지 결정하는 것을 돕는 정도입니다. 아이는 회피할 수도 있고, 기다려볼 수도 있어요. 아니면 불안하고 두려운 감정을 딛고 도전해 볼 수도 있습니다. 또는 여기에서 느끼는 불안과 두려움을 다른 것에 몰두하는 에너지로 사용하는 선택도 가능하지요.

아이가 불안과 두려움에 대한 '다양한 선택'을 할 수 있도록 돕기 위해서는 크게 두 가지가 필요합니다.

첫째는 불안과 두려움은 나쁜 감정이 아니며 수용받을 수 있다는 것을 아이가 경험해야 합니다. 나쁜 것이라고 생각하게 되면 불안과 두려움을 표현할 수 없게 되고, 적절한 배움을 받을 기회를 놓치게 되기 때문이에요. 여러 번 강조했듯 설득과 설명보다 공감과 기다림을 아이에게 먼저 주어야 하는 이유이기도 하지요.

둘째는 '나는 선택할 수 있다'라는 생각이 아이에게 자리 잡아야 합니다. 처음에는 본능적으로 불안과 두려움을 주는 모든 자극을 거부하고 피하는 것을 요구할 거예요. 하지만 '그럼에도 불구하고' 해볼 수 있고, 해보았을 때 나아지거나 예상했던 일이 발생하지 않는 경험을 가질 수 있도록 도와주어야 합니다. 아이에게 "걱정되고 무서울 수 있어, 하지만 그래도 해보는 것을 선택할 수 있어"라는 직접적인 말을 자주 들려주는 것도 좋은 방법이지요. 또한 '다르게 생각하는 것'을 선택하

282

는 배움도 필요합니다. 부모의 질문을 통해 불안과 두려움을 가져오는 잘못된 생각이 바뀌고, 경험을 통해 실제로 일어나는 것이 아님을 계속 확인받아야 합니다. 끝이 보이지 않는 반복적인 대화처럼 느껴질 수 있지만, 아이에게는 다른 행동과 생각을 할 수 있는 선택의 가능성이 넓어지는 과정이랍니다.

## 불안과 두려움이 많다고 해서
## 아이의 자존감에 문제가 있는 것은 아닙니다

아이가 불안과 두려움을 다룰 수 있는 다양한 선택을 하도록 돕고, 이것이 아이의 강점으로 발현되도록 이끄는 것이 궁극적으로 아이의 '건강한 자존감 발달'로 이어집니다. 많은 부모님들이 아이의 자존감을 중요하게 생각하고, 자존감을 높이기 위한 양육 방법에 관심을 갖고 있지만, 실제로 자존감이 무엇인지 정확하게 이해하지 못하는 경우를 종종 보곤 합니다. 특히 불안과 두려움이 많은 아이는 섣불리 무언가를 시작하지 않고 소극적인 모습을 많이 보이기 때문에, 아이가 자존감이 낮은 것 같다고 걱정하는 부모님이 많습니다. 불안과 두려움을 자존감이 낮은 아이가 보이는 행동으로 설명하는 잘못된 육아 정보도 꽤 있고요. 하지만 불안과 두려움을 많이 느끼는 아이라고 해서 반드시 자존감에 문제가 생기는 것은 절대 아닙니다.

자존감은 단순히 어떤 것을 할 수 있는 능력이 아니라, 자기 존재 자체를 있는 그대로 존중하는 것을 의미합니다. '자연스러운 나 자신에 대해 어떻게 느끼고 있는가'가 핵심이지요. 아이는 처음에 태어났을 때는 자신과 타인을 명확하게 구분하지 못해요. 그러다가 양육자와 자신을 구분하기 시작하고, 나의 의도대로 선택하고 움직일 수 있다는 것을 경험하며 자아가 발달하기 시작하지요. 자라면서 한정된 관계에서 벗어나 또래 관계가 중요해지는 시기를 지나며, 아이는 다른 사람과 구분된 자신만의 특성을 인지하기 시작합니다. 이 과정에서 발달하는 건강한 자존감은 '있는 그대로의 내 모습'에 대한 수용입니다.

## 자존감은 나의 단점까지 수용하는 것입니다

세상 어디에도 강점만 가지고 있는 아이는 없습니다. 모든 아이들은 자기만의 특성이 있으며, 각각의 특성은 강점과 단점을 양면적으로 가지고 있습니다. 예를 들어, 호기심이 많고 즉흥적인 아이는 적극적이고 열정적인 강점을 가진 동시에 산만하고 규칙을 벗어나는 모습도 함께 가지고 있어요. 불안과 두려움이 많은 아이들은 소극적이고 적응이 느리지만, 신중하고 규칙을 잘 따르며 행동이 예측 가능하다는 강점을 가지고 있지요.

자존감에 있어 중요한 것은 아이가 자기 자신의 특성을 어떻게 해석하고 느끼는지입니다. 이를 잘 이해하기 위해 반대로 생각해 볼까요? 자존감이 낮은 사람은 두 가지 특성을 보입니다. 먼저 자신의 강점만 지나치게 부각시키며 부족한 부분을 받아들이기 어려워합니다. 이런 모습도 저런 모습도 전부 나 자신의 일부임을 수용하는 것이 아니라 나의 좋은 점만 선택적으로 취하는 겁니다. 좋은 것을 수용하는 것은 누구에게나 어렵지 않아요. 정말 어렵지만 중요한 것은 부정적인 부분 또한 나의 일부임을 인정하는 것입니다. 또한 자존감이 낮은 사람은 '실제의 나'와 '내가 바라는 나' 사이의 간격이 큽니다. 이는 지금보다 더 발전적인 나를 꿈꾸며 노력하는 것과는 다른 의미입니다. 현재 나의 모습에 대한 이해와 존중 없이, 전혀 다른 나의 모습을 추구하거나 그것이 실제 나의 모습이라고 혼동하는 상태를 뜻이지요.

즉, '건강하고 높은 자존감이란 자신이 가진 여러 가지 모습에 대해 얼마나 있는 그대로 수용하며 나의 존재를 의미 있게 해석하고 있는가에 달려 있다'고 볼 수 있습니다. 불안과 두려움이 많은 아이가 '나는 두려움이 없는 사람이야'라고 자신의 특성을 부정하거나 '나는 겁이 많고 소심해서 아무것도 할 수 없어'라고 자기 자신을 부정적으로 생각하는 것은 자존감이 높다고 보기 어렵습니다. 반면 '나는 처음 하는 것에 두려움을 느끼기 때문에 시간이 필요해'라고 자신의 특성을 인정하며 '나는 대신 신중한 사람이고 적응하면 잘 해내는 사람이야'라고 스스로의 강점에 대해 알고 균형 있는 관심을 가질 수 있어야 건강한 자존감을 가진 상태라고 볼 수 있습니다.

아이가 자존감을 발달시키는 과정에서 가장 많은 영향을 주는 것은, 부모를 포함한 주변 사람들이 아이를 어떠한 시각으로 바라보며 어떠한 말을 들려주는가에 달려 있습니다. 아이는 주위 사람들의 말을 통해 자신이 어떤 사람이고 어떤 특성을 가졌는지 이해하게 됩니다. 그래서 부모인 우리가 아이의 불안과 두려움을 이해하고 수용하는 언어를 사용하는 것이 중요합니다. 아이가 느끼는 불안과 두려움에 대한 거부와 비난은 곧 아이의 존재에 대한 비난으로 여겨질 수 있기 때문입니다. 물론 부모는 매 순간을 아이와 함께하기 때문에, 언제나 긍정적인 태도로만 아이를 대하거나 좋은 말만 해줄 수는 없습니다. 중요한 것은 아이의 '긍정적인 측면', '변화하는 모습'에 대한 반응도 얼마나 해주고 있는가입니다. 불안과 두려움이 많은 아이의 단점에만 집중하다 보면 의도하지 않았더라도 아이에 대한 부정적인 말을 더 많이 할 수밖에 없습니다. 아이의 자존감이 높아지길 원한다면 아이가 얼마나 달라지고 있는지, 그리고 아이가 가진 좋은 점은 무엇인지를 의식적으로 생각해 주세요. 그리고 "엄마아빠는 ○○의 이런 신중한 모습이 참 멋지다고 생각해!", "지난번보다 조금 더 빨리 시작했구나!"라는 말을 잊지 말고 아이에게 해주세요.

# 아이를 키우며 불안할 땐,
## 멀리 보세요

불안과 두려움이 많은 아이를 키우는 부모가 가장 주의 깊게 다스려야 하는 마음은 아마도 '조급함'이 아닐까 합니다. 한 발을 겨우 내딛기까지 왜 이렇게 오래 걸릴까 싶어 답답하고, 겨우 하나를 극복하게 만들었더니 또 다른 걱정거리를 가져오는 아이, 영원히 아이가 이 자리에 있을 것만 같은 불안함이 밀려오지요. 그 사이 저만큼 앞서가며 새로운 것을 경험하고 배워가는 아이들과의 차이는 점점 더 커지는 것 같아 조바심도 납니다. 하지만 불안과 두려움이 많은 아이를 키우는 부모는 아이보다 더 불안하지 않도록 조심해야 합니다. 부모가 더 불안해하며 발을 동동 굴리면 아이가 더욱 행동을 선택하지 못하고 회피해 버리기 때문입니다.

　이런 조급함을 다스리기 위해서는 육아 목표를 장기적으로 바라보는 관점이 필요합니다. 아이를 격려할 때는 더 가까이 세밀하게 보는 것이 좋습니다. 어제보다 오늘, 조금이라도 더 적응하고 극복한 모습이 보이면 알아주고 격려해 주어야 하니까요. 하지만 아이의 모습을 보며 불안하고 조급해질 때는 내일 당장 변하는 것을 기대하기보다는 시선을 멀리 두세요. 아이를 기르는 것의 궁극적인 목표는 아이가 건강한 성인으로 살아가게 하는 데 있습니다. 즉 스무 살 전까지 결판을 내면 됩니다. 혼자 등교하는 것을 두려워하는 아이가 내일 당장 스스로 등교하게 만드는 건 어렵습니다. 어쩌면 그다음 학기에도 잘 되지 않을 수 있어요. 하지만 다음 학년에는 해낼 가능성이 높습니다. 아무리 늦는다 해도 몇 년 안에는 반드시 혼자 등교를 할 수 있게 되지요. 우리는 아이와 영원히 함께할 수 없고, 따라서 아이는 자기 자신의 불안과 함께 살아가는 방법, 다양한 선택을 하는 방법을 스스로 적용할 수 있어야 합니다. 우리가 할 수 있는 것은 아이 스스로 그 과정을 통과하도록 늘 아이에게 필요한 반응과 말, 생각을 마련해 주는 것이지요.

지금 아이가 영유아 연령이라면 책에서 소개한 방법들을 적용하며 열 살쯤을 기대해 보세요. '우리 아이가 언제 이렇게 자랐지?' 할 만큼 씩씩하게 자라 있을 겁니다. 아이가 초등학생이라면 지금이라도 시작하세요. 그리고 소개된 방법을 적용하거나 아이의 반응에 대처하기가 어렵다면 전문가의 직접적인 도움을 받아보세요. 아이의 불안과 두려움에 대한 개입은 시작하는 그때가 가장 빠르며, 적기입니다. 그리고 아이의 마음을 다루며 부모인 여러분 또한 불안과 두려움에 조금 더 가까워지고 편안해지길 바랍니다.

# 불안에 대한
# 내 아이와의 대화

이 책은 아이가 열 살이었을 때 우연히 나누었던 대화에서 시작되었습니다. 아이가 느꼈던 불안과 두려움에 대해 나눈 이야기는 부모로서뿐만 아니라 전문가로서의 저에게 많은 영향을 주었습니다. 여러분이 아이의 마음을 이해하는 데 도움이 되길 바라며 공유해 봅니다.

**엄마** 민후야, 너는 참 많은 것을 걱정하고 무서워했잖아. 어릴 때 가장 걱정되거나 무서웠던 게 뭐였는지 기억해?

**민후** 지금은 다 기억이 나지 않는데… 처음 하는 건 다 싫었던 것 같아. 진짜 좋아하는 게 아니면 하고 싶지 않았어. 잘 모르는 것을 해야 하면 걱정이 생겼거든.

엄마   어떤 걱정이 들었는데?

민후   그냥 무서운 일이 생기거나 내가 걱정하는 일이 생길까 봐 걱
정이 되었어.

엄마   걱정하는 게 걱정이 된 거구나^^; 초등학교 입학할 때 네가
정말 많이 두려워했던 것 같거든. 사실 지금 하는 이야기지만,
엄마도 그때는 네가 너무 걱정돼서 불안했어. 너도 그랬니?

민후   나는 학교 갈 때가 정말 힘들었어. 자기소개 할 때는 무서워서
몇 번이나 울었어.

엄마   그때 엄마는 학교에서 전화도 받았어. 조금 속상했지만 선생
님께는 너를 조금만 더 기다려 달라고 했지. 요즘 너는 학교도
잘 다니고, 친구들이랑도 잘 어울리잖아. 엄마 앞에서는 여전
히 무섭다고 해도 많이 달라졌어. 네가 느끼기에는 어때?

민후   나도 내가 좀 달라진 것 같아. 내가 생각할 땐 2학년 2학기 겨울
쯤? 그때부터 점점 용기가 생겼던 것 같아. 3학년부터는 학교
갈 때 하나도 안 떨리고 무섭지 않았어. 반장선거에도 나갔고.

엄마   엄마가 생각했던 시기랑 비슷하네!? 무엇이 달라져서 너에게
용기가 생긴 걸까?

민후   그냥 내가 생각하는 일이 꼭 일어나지는 않는다는 걸 알았던
것 같아.

**엄마** 오….

**민후** 나는 검도가 정말 큰 도움이 되었던 것 같아. 지금도 가끔 무서울 때가 있는데, 그럴 때는 검도 시작할 때처럼 '그냥 해보고 말지, 뭐!' 이런 생각을 해.

**엄마** 검도도 처음엔 버스 타는 것도 무서워, 관장님도 무서워, 호구 쓰는 것도 무서워… 계속 그랬잖아. 그래도 그건 포기 안 하고 계속한 건 참 잘했던 거네?

**민후** 엄마가 어떤 건 싫으면 안 해도 된다고 하지만 어떤 건 계속해 보라고 얘기하잖아. 사실 해보라고 하면 좀 싫거든. 강요받는 것 같고. 그런데 이해는 돼. 검도도 계속하니까 괜찮았고….

**엄마** 엄마도 너에게 계속 권할 때 마음이 편하진 않았어. 그래도 한 가지 정도는 해내는 연습이 필요하니까. 그런데 태권도는 진짜 싫어하다가 검도는 그래도 같이 가보겠다고 했잖아. 왜 괜찮았는지 이유가 기억나?

**민후** 검도는 형아도 있었고 (사촌형) 그리고 태권도는 사람이 너무 많고 발차기 하고 그런 느낌이라서 싫었는데, 검도는 얼굴에 안전한 것을 쓰기도 하고, 죽도로 때리고 그러는 게 스트레스가 풀릴 것 같더라고.

**엄마** 그랬구나. 요즘은 옛날처럼 자주는 아니지만 그래도 가끔은 네가 걱정하고 두려워할 때가 있는 것 같아. 요즘 민후가 걱정하는 것은 혹시 뭐야?

민후　요즘은 잘 안 될까 봐, 잘 못할까 봐 걱정될 때가 있어. 단원평
　　　가 같은 것도 가끔 걱정되고. 가끔 무서운 꿈을 꾸는 게 걱정
　　　되기도 해. 가족이 죽는 생각이 들 때도 있고.

엄마　그럴 때 엄마아빠랑 늘 이야기 나눠줘서 고마워! 그래도 우리
　　　가 예전처럼 하나하나 다 마음을 알아주고 함께하지 못할 때
　　　가 많잖아. 요즘은 걱정되고 두려울 때 어떻게 해?

민후　나는 자전거를 타고 동네를 잠깐 돌아. 그럴 때마다 타는 곳이
　　　있어. 그럼 기분 전환이 되고 좋아.

엄마　비 오고 그런 날에 자전거 못 탄다고 속상해하는 게 그런 이유
　　　때문이었구나?

민후　응. 근데 이제 비가 올 땐 그냥 우산 쓰고 걷기도 하고, 아니면
　　　요즘은 그림 그리는 걸 좋아하니까 그림도 많이 그려.

엄마　엄마가 질문 하나만 더 할게! 민후가 걱정하고 두려워할 때
　　　엄마아빠가 어떻게 해주는 것이 가장 좋았어? 어떻게 해주는
　　　것이 도움이 되었는지 궁금해.

민후　그냥 알아준 게 좋았어. 무서워한다고 뭐라고 안 하고 위로해
　　　준 거. 그리고 지금 꼭 안해도 된다고 이야기해 주는 거. 그렇
　　　게 해주면 조금 시간이 지나면 무서운 마음이 작아졌어.

유난히 불안과 두려움이 많았던 아이를 키우며 제가 초조함을 느끼지 않았다면 거짓말이겠지요. 하지만 아이에게 들려주어야 하는 말이 무엇인지, 그리고 그것이 왜 필요한지 확신했기에 아이에게 씨앗을 심고 물을 주는 마음으로 이야기하고 또 이야기했습니다.

첫 걸음마 이후 오랜 시간이 흘러 비로소 아이의 입에서 그토록 듣고 싶었던 말을 듣게 되었습니다. 내가 생각한 것이 꼭 일어나는 것은 아니라는 것, 내가 해낸 것도 많다는 것 그리고 엄마아빠가 해준 공감이 아이를 안도하게 만들었다는 것, 이 모든 것을 내 아이에게 직접 확인할 수 있어서 정말 기뻤습니다.

아이가 빨리 변할 수 있다면 얼마나 좋을까요? 하지만 아이를 기르며 가장 중요한 것은 '얼마나 빠르게'가 아니라 '결국에는'인 것 같습니다. 아이가 스스로 불안과 두려움을 해결할 수 있는 생각의 힘을 갖게 되는 마지막 지점까지 꾸준한 시간이 필요하다는 것을 기억해 주셨으면 합니다. 그리고 이 책을 읽는 모든 부모님들이 그 감격스러운 순간을 꼭 맞이하실 수 있기를 응원합니다.

## 참고문헌

- 《내 아이를 위한 사랑의 기술》존 카트맨 지음, 남은영 감수 / 한국경제신문
- 《발달심리학》로버트 시글러 외 지음 / 시그마프레스
- 《감정은 어떻게 만들어지는가?》리사 펠드먼 배럿 지음 / 생각연구소
- 《내 아이가 불안해할 때》타마르 챈스키 지음 / 마인드북스

- 《정신장애진단 및 통계편람 제5판 DSM-5》미국정신의학회 발간

- 〈Meta Emotion: how families communicate emotionally〉John Mordechai Gottma, Land Fainsilber Katz, Carole Hooven / Kircanski, K., Lieberman, M. D., & Craske, M. G. (2012) Feelings into words: Contributions of Language to exposure Therapy. Psychological Science, 23(10), 1086-1091